北水ブックス

プランクトンは海の語り部
～変わりゆく極域～

松野 孝平 著

KAIBUNDO

目　次

はじめに

　私は北海道大学大学院水産科学研究院に所属し，極域のプランクトンについて研究している。いろいろと好きが高じて，この研究に取り組んでいるが，よもや自分が研究者になるとは，子供の頃には夢にも思っていなかった。そんな私が北極海に初めて入ったのは 2007 年の夏であった。あれから数えて 12 年。研究歴としてはまだまだ短いが，この本では，これまで体験してきたことや知りえたことをできるかぎりわかりやすく伝えたい。まず初めに，極域のプランクトンを研究したいと考えた経緯について，自己紹介を兼ねて書こうと思う。

　私は愛知県の海沿いの出身なので，高校までは雪をほとんど見たことがなかった。実家は小さな山の麓にあり，広大な柿畑と檜の林が遊び場だった。自然のなかでの遊びを見つけること，考えることが好きだった。中学生のときに読んだ『リトル・トリー』や『ジェロニモ』に影響され，自然を理解し，共に生きる生活に憧れていた。同時に，レイチェル・カーソンの『沈黙の春』によって，人間がつくり出した農薬の恐ろしさやエゴを理解し，多くの生き物の命が奪われていることを知った。

　高校に入り，自らの進路をより具体的に考えるようになったとき，環境問題がどのように生き物に影響しているのか，それに関することを学びたいと思った。候補としては，温暖化による砂漠化，農薬，外来種の問題があった。だが，いずれも本で読んで知ったことで，すでにわかっているからこそ本になっているのだから，いまから取り組んでも遅いのではと考えた。それに，どうせ地球温暖化のことを調べるなら，より規模の大きなもの，陸ではなく，広い海のほうがいいだろう（いまにして思えば，かなり漠然とした思考だ）。身近な環境である陸上のことではなく，未知の世界として，あえて海のことを学ぶのはとても面白そうだ。それに加えて，暑いのが苦手で，雪への憧れもあったため，水産学と海洋学を学べる北海道大学水産学部へ進学することに決めた。

　入学後，学部 2 年生のときに参加した水産学部附属練習船「おしょろ丸」に

よる実習航海で，プランクトンの世界を知った。もちろん講義や本でその存在は知っていたが，海水中で元気に泳ぎ回っているプランクトンを見たのはそれが初めてであった。その不思議な形，泳ぎかた，色に興味を持ち，先生や TA の先輩にいろんな質問をした。素直に生き物としての不思議さに引かれた。

学科と研究室配属

　北海道大学水産学部では，3 年生までは研究室に属さずに講義や実習を受け，4 年生になるときに研究室に配属される。配属といっても，基本的には学生間で行きたい研究室や希望する指導教員についてのアンケートを取り，話し合って，各研究室の割り当て人数に合うように調整する。割り当ては，教員 1 名に対して学生 3 名までである。これが毎年たいへんで，結局，成績で決める年もあれば，運に任せる年もある。

　その時期が近づくと，多くの 3 年生が研究室を訪れ，これまで行われてきた研究やプロジェクトの話，先輩学生が現在進めている研究の内容，研究室の日常や就職先について質問する。

　なお，水産学部では 2 年生から 3 年生へ進級する際に学科配属があり，その配属で 4 年進級時に選べる研究室や教員が自動的に絞られる。つまりは，進んだ学科に属する研究室や教員しか選べないということである。詳細は水産学部のホームページを見てほしい。

　私は 3 年生のときには就職活動をしなかった（その後も結局，就職活動らしいものはしなかったのだが……）。それは，せっかく大学に入ったのに，研究もしないで就職の道を選ぶ理由がなかったからである。つまり，やってみないとわからないし，やってみてからの判断のほうが納得できると考えたのである。

　4 年に進級する際の研究室選びでは，第 1 希望のプランクトンにすんなりと決まった。研究室が決まると，指導教員を決め，卒業論文として取り組むテーマを決める。当時のプランクトン研究室（正式には浮遊生物学研究室）には 3 名の教員がいたため，同学年では私を含めて 9 人が新たに配属された。私は，当時助手（現在の助教に相当）であった山口篤先生の指導を受けることとなった。テーマとしては「北太平洋亜寒帯域の動物プランクトンサイズ組成の南北

変化」を選び，2007 年 6〜7 月に「おしょろ丸」の北洋航海（実習ではなく本格的な調査航海）に乗船することとなった。

この航海への参加が，研究者になるおそらく最初のターニングポイントであったと思う。

「おしょろ丸」は毎年 6〜8 月頃，2 か月間の調査航海を実施している。調査する海域は，参加する研究者の要望と予算に応じて，大学内での選考の末に決まる。2007 年は国際極年（International Polar Year）にあたり，各国が北極や南極の研究を実施する年となっていた。そのため，「おしょろ丸」も北極海に入り，調査をすることとなっており，私は運よくその航海に参加することができた。

調査航海という名のとおり，海洋物理にはじまり，化学，衛星，音響，プランクトン，魚類，海鳥，鯨類など，海に関するさまざまな分野の研究者や学生が乗船していた。誰もが研究テーマを持ち，それぞれの視点で海を分析していることがたいへん興味深く，捉えどころのない海自体が不思議で，研究をする楽しさにどんどん引き込まれていった（調査航海の詳細については 3.2 節で述べる）。

この航海中に，2008 年に実施される JAMSTEC の研究船「みらい」による北極航海への誘いがあり，二つ返事で希望を出した。それにより，修士課程では北極海の動物プランクトンについて研究することが決まった。その後，博士，ポスドク，そして現在の助教になるまで，一貫して極域のプランクトンに関して研究している。

前置きが長くなったが，いよいよこの後，私の取り組んでいる研究を紹介していきたい。

極域

本書のタイトルにもある「極域」という言葉をご存知だろうか。地球の南北の端に位置する北極と南極，これらを合わせて極域と呼ぶ。どのようなところかと聞かれれば，寒くて暗い。それでも季節的な変化はある。夏には海氷が融け，冬に再び結氷することを繰り返している。また，独自の生態系が存在し，極域にしかいない種（固有種）も多い。

第1章 北極海とプランクトン

1.1 気候変動

　地球温暖化のような気候変動は，どのように研究され，どのように海の生物に影響するのだろうか。現在，世界中の多くの研究者が気候変動に関わる研究に取り組んでいる。図 1.1 は，学術論文を検索することができるデータベースWeb of Science 上で，「climate change」（気候変動を意味する）をキーワードとして検索したときにヒットした論文の数を年代順に示したものである。気候変動研究に取り組んでいる研究者数を推定することは難しいが，発表された論文数だけを見ても，年々増加していることがわかる（図 1.1 a）。これは，それだけ研究ニーズが高まっていると解釈することもできる。

　ここで検索ワードとして「marine ecosystem」を加えると，図 1.1 b のように，一気に数が減る。2018 年で見ると，「climate change」では 3 万 1309 報もあるが，「marine ecosystem」では 784 報と，2.5 ％ しかない。さらに，「plankton」に変えてみると，その数は 133 報まで減少する（図 1.1 b）。また，「climate change」に関する論文のなかで，「marine ecosystem」と「plankton」をキーワードにしている論文の占める割合を求めると，「marine ecosystem」に関しては少しずつ増加しているように見えるが，「plankton」は減少している（図 1.1 c）。

　ここからわかることは，気候変動に関する研究のなかで，海洋生態系やプランクトンに関連した研究を行っている研究者はマイナーな存在だということ。研究数が少ないために，気候変動によって海洋生態系やプランクトンがどのように影響を受けるのか，はたまた変わっていくのかは，まだまだ研究の余地があるということである。これは，実際に研究している私自身も感じているところである。私たちは「巨人の上に立っている」が，それでも知らないことは多い。

8

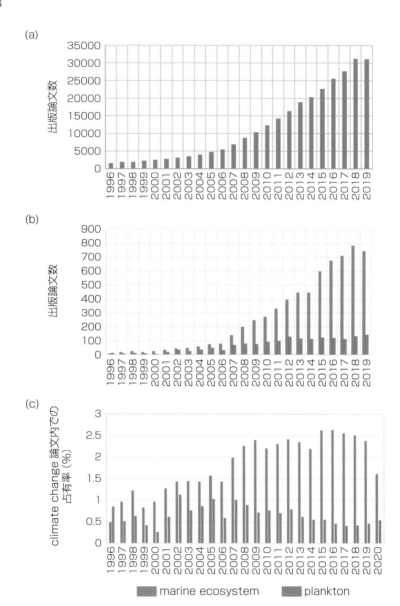

図1.1 （a）気候変動に関する論文出版数。（b）海洋生態系とプランクトンをキーワードとしている論文数。（c）気候変動に関する論文のなかで，海洋生態系とプランクトンを扱っている論文の割合。

1.2　北極海と研究の歴史

　気候変動に関連する研究は世界中のさまざまな場所を対象として行われているが，そのなかでも注目されている地域の 1 つが北極海である。ここからは，北極海の概要と，そこでの研究の歴史について述べる。

❖ 北極海の概要と海氷域の減少

　北極海は面積が約 1400 万 km^2 で，ユーラシア大陸，アメリカ大陸，グリーンランドなどに囲まれた半閉鎖的な海である（図 1.2）。また，太平洋（実際に

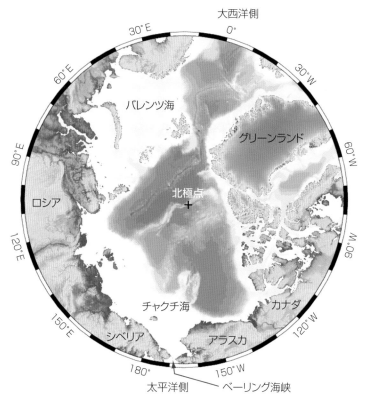

図1.2　北極海の地図。大陸に囲まれているため，半閉鎖的な海である。幅80km ほどの狭いベーリング海峡を通って，太平洋側から北極海へ海流が流れ込んでいる。

はベーリング海）と大西洋それぞれとつながっている。北極海のなかでも，太平洋側に位置する海域を太平洋側北極海と呼び，主にカナダ，アラスカ，シベリアに隣接している。反対に，大西洋側は大西洋側北極海と呼び，グリーンランド，ノルウェー，ロシアと隣接している。

　北極海は秋季〜春季に海水が結氷して海氷に覆われる季節海氷域で，海氷域は季節的に大きく変動する。一般的に，北極海の海氷面積は 9 月に最小となる。この 9 月の海氷域は，1980 年代には月平均 $7.5 \times 10^6\,\mathrm{km}^2$ だったが，1990 年代は $6.8 \times 10^6\,\mathrm{km}^2$，2000 年代は $5.7 \times 10^6\,\mathrm{km}^2$ と，しだいに減少している（図 1.3）。とくに 2012 年 9 月の海氷面積（平均 $3.7 \times 10^6\,\mathrm{km}^2$）は，1980 年代の 9 月に比べて 50 ％ も減少しており，観測史上，最も海氷域が少なくなった年として知られている。

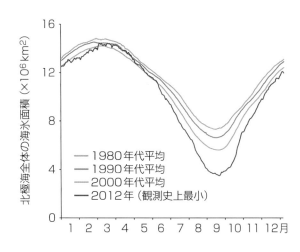

図 1.3　北極海全体での海氷面積の季節変動。各年代の平均値を示している。9 月の海氷面積がしだいに減少しているのがわかる。

　海氷の衰退は太平洋側北極海においてとくに顕著であり（図 1.4）（Shimada et al., 2001, 2006; Stroeve et al., 2007; Comiso et al., 2008; Markus et al., 2009），これはベーリング海から流入する海流（温暖な太平洋水）によってもたらされていると考えられている（Shimada et al., 2006; Woodgate et al., 2010）。

　このような海氷域の劇的な減少が海洋生態系に影響を及ぼすことが危惧されている（Grebmeier et al., 2006; Hunt and Drinkwater, 2007）。言い換えると，海

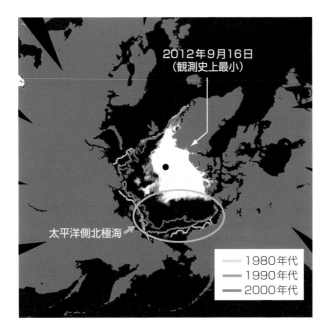

図1.4　北極海の海氷面積の年変動。白色の部分は海氷のある海域を示す。緑の楕円で囲った太平洋側北極海で，とくに大きく減少していることがわかる。

氷域の衰退が海洋生態系に及ぼす影響を評価するためには，衰退が著しい太平洋側北極海における研究が必要不可欠ということになる。

❖ 研究の歴史

　北極海における海洋研究の歴史は古く，1893～1896 年に行われたフリチョフ・ナンセンによるフラム号漂流横断観測に端を発している（図 1.5）。太平洋側北極海では，1930 年代ごろから米国や旧ソ連を中心として海洋観測が活発に実施されるようになっていた（Johnson, 1934）。その後，1983～1989 年の Inner Shelf Transfer and Recycling（ISHTAR），1997～1998 年の Surface Heat Budget of the Arctic（SHEBA）プロジェクト，2002～2003 年の Shelf-Basin Interactions（SBI）プロジェクトおよび 2004～2014 年の Russian American Long-Term Census of the Arctic（RUSALCA）など，米国を中心として大型国際研究プロジェクトが推進されてきた（McRoy, 1993; Uttal et al., 2002; Grebmeier et al., 2009）（図 1.5）。

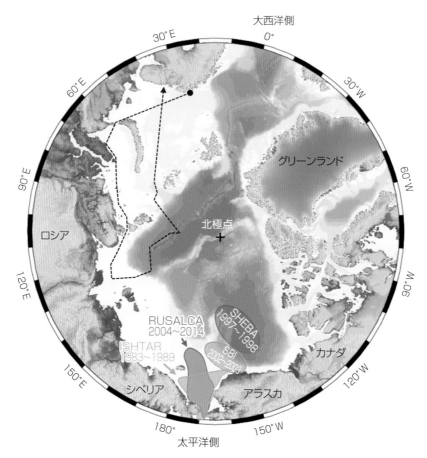

図1.5 北極海での調査の歴史。黒の破線は，「フラム号」が漂流横断をした軌跡を示す。米国やロシアを中心として実施された国際プロジェクトの調査海域を色ごとに示す。

　この間，日本国内では，北海道大学水産学部附属練習船「おしょろ丸」が，1964 年以降これまで計 10 回（1972, 1990, 1991, 1992, 2007, 2008, 2013, 2017, 2018 年），チャクチ海で海洋観測を行っている。また，JAMSTEC（当時，海洋科学技術センター）は，1997 年から海洋地球観測船「みらい」による太平洋側北極海での観測を開始し，現在までほぼ毎年行っている。

　最近は，北極海での海氷融解の進行と関連して，北極研究はより注目されるようになり，加速度的に研究が推進されている。日本としても，国際極

年（International Polar Year：IPY），北極気候変動研究事業（通称 GRENE，2011〜2016 年），北極域研究推進プロジェクト（通称 ArCS，2015〜2019 年），北極域研究加速プロジェクト（通称 ArCS II，2020〜2024 年）と変遷していくなかで，海洋循環や大気観測から生態系観測，そして人文・社会科学的研究と，より多くの分野の研究者が連携して，課題解決に取り組むようになってきた。

1.3　プランクトン

　次に，プランクトンという生き物について説明しよう。海のなかには多種多様な生物がいるが，そのなかで「プランクトン」は遊泳能力が低く，海流に逆らって泳ぐことができない生物と定義される。顕微鏡を使わないと見えないミクロサイズのものから，エチゼンクラゲのように数 m を超える大きなものまで，さまざまな生き物が含まれる。エネルギーの獲得方法によって，光合成を行う独立栄養性の植物プランクトンと，捕食や摂餌を行う従属栄養性の動物プランクトンの 2 つに分けることができる。

❖ 植物プランクトン

　海洋の植物プランクトンには，珪藻類，渦鞭毛藻類，円石藻類などが存在し，光合成を行い，細胞分裂によって増殖する。陸上植物とは異なり，浮遊性の単細胞生物である。マイクロサイズからピコサイズやナノサイズと小さいため，光学顕微鏡または電子顕微鏡を使わないと観察できない。海洋において植物プランクトンは，一次生産を行い生態系を支えている，たいへん重要な生物だと言える。

　海洋の植物プランクトンのなかで，最も優占する生物が珪藻類である（図1.6）。珪藻はケイ酸質の殻（シリカ）を 2 つ持ち，1 細胞はちょうどシャーレにふたをしたときのような形をしている。

　浮遊性の珪藻類は運動器官を持たないため，自分で動くことはできない（ただし，羽状目珪藻類の一部は這うようにして移動することが知られている）。しかし，光合成を行うためには，海中で光の届く水深に留まる必要がある。珪藻類がとった戦略は，細胞のサイズを小さくして，体積に比べて表面積が大きくなるような形態に進化することである。それによって，水の抵抗を増やし，

沈降速度を遅くすることができる。殻の形態のバリエーションは非常に豊富で，見ていて飽きない。

　また，細胞内に油分を蓄積して比重を軽くすることも表層に留まるために一役買っている。海表面の風などによる鉛直混合も，珪藻類が表層に留まるために重要な役割を果たす。

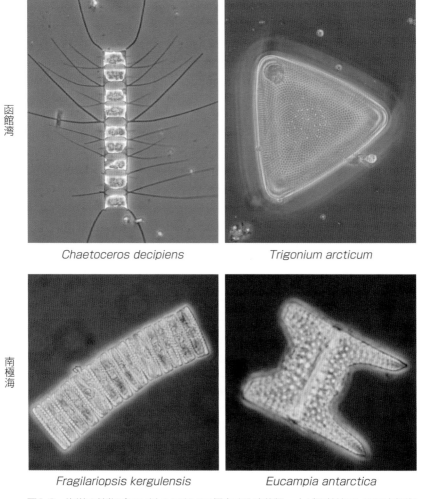

Chaetoceros decipiens

Trigonium arcticum

Fragilariopsis kergulensis

Eucampia antarctica

函館湾

南極海

図1.6　海洋の植物プランクトンにおいて優占する珪藻類。上が函館湾で，下は南極海で採集したもの。黄色く光っている部分は葉緑体。さまざまな形態の種が存在する。

❖ 動物プランクトン

　海洋の動物プランクトンには，小さな単細胞生物からクラゲのような多細胞生物までが含まれるが，ここではメソサイズ（0.2～20 mm）の動物プランクトンに注目する。メソサイズの動物プランクトンには，カイアシ類，オキアミ類，端脚類，クラゲ類などがいる（図 1.7）。多くの種が卵によって繁殖する。

　動物プランクトンは，摂餌や捕食により炭素化合物を摂取する必要があるが，その方法はいくつかある。植物プランクトンを主に食べる種は，植食性動物プランクトンと呼ばれ，カイアシ類や尾虫類が該当する。動物性の餌（小さなカイアシ類など）を食べる種は肉食性動物プランクトンといい，端脚類，クラゲ類および一部のオキアミ類が含まれる。この他にも，死んだ有機物を食べるデトライタス食性や，雑食性の動物プランクトンも存在する。この食性は，海の表層ほど植食性種が多く，深海になるにつれて肉食性種やデトライタス性種が多くなる。水中にどのような餌があるかで棲み分けていると考えられている。また，無殻の翼足類であるクリオネは，有殻翼足類であるミジンウキマイ

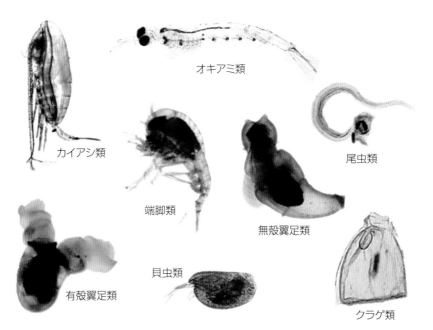

図1.7　海洋中に出現する主な動物プランクトン。大きさはどれも数mmから数cm程度。

マイしか食べないという非常に特異な生態を持っていることで有名である。

　海洋の動物プランクトンのなかで，数的にも重量的にも多いのがカイアシ類である。櫂（オール）のような器官を持っていることからこの名が付けられた。大きさが1〜5mmの甲殻類（エビやカニの仲間）で，脱皮して成長する。北極海においても，動物プランクトン群集の個体数で9割，重量で6割を占めている（図1.8）。主な餌は植物プランクトンであり，自らは魚類，海鳥および鯨類の重要な餌となっている。つまり，海洋生態系において，植物プランクトンの一次生産を，自らが食べられることによって魚類や海鳥などの高次捕食者に受け渡す役割を持っている。

　カイアシ類の生態（生活史）はとてもユニークである。外洋域に分布する植食性の大型カイアシ類は，春から秋に表層でせっせと植物プランクトンを摂餌し，体内に油を貯める。そして，その油分（油球）のエネルギーを元に冬は深海で休眠する（昆虫の冬眠のようなもの）。休眠から覚めると，表層へ移動し，産卵を行う。休眠のために水深1000m程度まで潜る種もいて，海流に逆らって泳げないとはいえ，鉛直的にたいへんダイナミックに移動することが知られている。

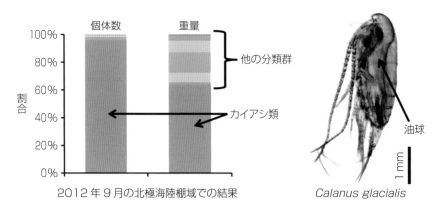

図1.8　北極海陸棚域における動物プランクトン群集の組成。オレンジ色の部分のカイアシ類が個体数でも重量でも優占していることがわかる。右は，実体顕微鏡下でのカイアシ類の生きた状態の画像。体内に見える透明な液状の個所はすべて油分である。

1.4　気候変動がプランクトンへ与える影響

　北極海で海氷がなくなると，海はどう変わるのであろうか？　海氷は比重が小さいので海の表面に浮く。海氷があると，海はふたをされていると考えることができる。逆に，海氷が溶けるということは，ふたがなくなることを意味する。

　海氷が消失するときの変化として，まず，太陽光が海中に届くようになる（図 1.9）。そして，海水面は大気や日射によって暖められやすくなる。溶け残っている海氷は風で動きやすくなり，海氷が溶け切ってしまうと海が風によってかき混ぜられやすくなる。つまり，海氷が海の表面を覆っているときに比べて，溶けた状態では，大気や太陽光が海に対してより直接的に影響する。そして，そこに棲む生物の環境を変えることにつながる。

❖ 植物プランクトンへの影響

　まず，植物プランクトンへの影響を考えてみる。海氷が消失し，水中に届く光の量が増えると，その分，植物プランクトンが光合成をできるので，一次生産量（光合成によって同化される炭素の量）は増えると推定される。しかし，光合成には，光だけでなく栄養塩（硝酸態窒素，リン酸塩，ケイ酸塩）も必要であり，光の量が増えたからといって光合成量が増加すると一概には言えない。

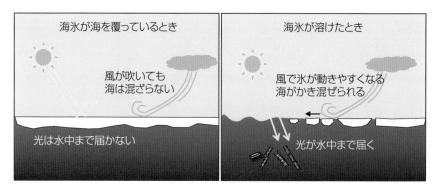

図1.9　海氷のあるときと溶けてしまった後との違い。海氷の融解後は太陽光や大気が直接的に海へ影響を与える。

たとえば，夏の北極海の表層は，ほとんど栄養塩がないために一次生産は低いことが知られている。

　さらに，海氷が消失したことによる環境の変化は，水温や鉛直混合にまで変化をもたらし，それらが複雑に関連し合いながら，植物プランクトンへ影響を与える（図1.10）。

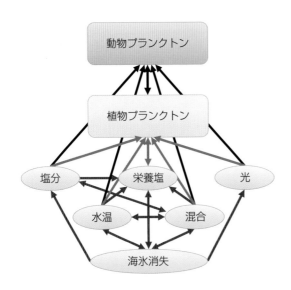

図1.10　海氷の融解にともなう環境変化が植物プランクトンおよび動物プランクトンへ与える影響の概念図。赤い矢印は環境要因間の関係，青い矢印は植物プランクトンとの関係，黒い矢印は動物プランクトンとの関係を示す。複雑に環境変化が起こるため，プランクトンに起こる変化を単純に理解することは困難である。

❖ **動物プランクトンへの影響**

　次に，動物プランクトンについて考える。環境からの直接的な影響としては，たとえば，水温が上がると動物プランクトンの呼吸量が上がるため，生きていくのに必要なエネルギーが増える。また，多くの動物プランクトンが，昼は深い層にいて，夜間に表層へ移動する日周鉛直移動を行うため，光は動物プランクトンの鉛直的な分布に影響すると考えられる。

　そして，植物プランクトンの変化の影響も受ける。動物プランクトンの餌である植物プランクトンが増えれば，得られるエネルギー量が増え，多くの子供を残すことができ，結果的に個体数が増えるかもしれない。

　このように，海氷の消失によってプランクトンに起こるであろう変化は複雑で，理解を深めるためには根気よく調査や実験を繰り返す必要がある。

第2章 プランクトンを研究するとは

2.1 研究活動とは

　そもそも，研究を行うとはどういう活動であろうか。基本的には「大きな課題（問題）を設定し，データや資料を基に検証し，答えを得ること」とまとめることができる。小学校で取り組んだ自由研究とまさに同じである。ただし，私が行っている研究活動は，より人類の利益になるもので，国際的な課題（温暖化など）の解決に資することが求められている。もちろん，研究者の興味と知的好奇心が，その根幹にあることは言うまでもない。

　どのような研究分野においても，人が行う以上，エラーが発生する。プランクトンの研究で例を挙げると，試料採集を行う人，試料を処理する人，データを取る人が変わることによって，同じであるはずの結果に誤差が生まれてしまう。この影響はできるだけ小さくなるように努力する。統一された方法がなく，単純に比較できない方法を用いた研究は，データの信頼性が保証できないため，研究としての体を為さない。たとえば，船舶による調査中，一貫して同じ方法（使用するネットのサイズ，網目の目合い，曳網速度など）を用いることは必須である。他の研究と比較することを目的とするならば，その研究で用いられた方法を踏襲する。そうしないと，多くの方法論的な問題が出てきて，何を調べているのかわからない結果となる。

　重要なのは，可能な限り人による影響を除くために，統一された，誰でもできる方法を用いることである。科学において，方法を特定の研究者が独占する（その人しか使えない）ことは，この原則に反している。新しい方法を考案したときは，それを全世界で使用してもらえるように論文を書いて広めることも研究者の仕事である。

2.2 研究テーマの決めかた

　研究テーマを決めるという作業は，実はかなりたいへんである。思いついた疑問をシンプルに追究するというわけではない。思いつきをしっかりとした研究テーマへと昇華させるには，時間と労力と経験を必要とする。

　まず，世界中で出版されている論文（もちろん英語が多い）から，思いついたアイデアと関連のある文献を収集し，内容を精査して，まとめる。それにより，そのテーマについてどこまで研究が進んでおり，どこからがわかっていないのか見えてくる。同時に，自分のアイデアがすでに試されているのか，はたまた未だ研究されていないかも確認できる。これにより，単なるアイデアであったものに，研究の意義が付加され，その位置づけがはっきりする。

　このような作業をこなす能力は，研究者であれば必須であるが，学生にとってはハードルが高い。そのため，私の所属するプランクトン研究室では代々，教員が研究テーマを作成し，新たに研究室に配属された学生に取り組んでもらうという方針をとっている。このやりかたは教員と学生それぞれにメリットがある。

❖ 教員のメリット

　大学の教員は研究と教育を業務としているため，学生指導や講義だけでなく，論文を書くことが求められる。とくに最近は，業績（出版した論文や学会での発表）を取りまとめ，大学に提出することが義務化されている。それらの情報は，教員に対する評価だけでなく，大学に対する評価にも使用される。つまり，大学教員にとって論文を出し続けることは必須事項である。

　しかし，日々の学生指導や雑務に追われ，なかなかまとまった時間を確保できないという実情がある。若手は基本的に雑務が少ないはずだが，私自身，研究だけが業務のポスドクから，研究と教育を行う助教になったときに，論文を書く時間が取れず，ストレスを感じることがあった。のどに詰まったものを吐き出せないような，次に行けない，進んでいないという感覚である。

　そんなときに，学生が研究活動に集中して，面白い結果を出してくれること

はとてもありがたい。教員は，その内容に，知識と経験に基づく学術的意義を付与し，論文へと昇華させる手伝いをする。それによって，教員の持つ研究アイデアが実現化し，教員自身も評価され，研究室の活動に必要な外部資金を獲得でき，その資金を元に次の研究に取り組むという，良い循環が生まれる。研究活動の歯車がしっかりかみ合ったと感じる瞬間である。

❖ 学生のメリット

　学生の側からすると，4 年生になって初めての研究（卒業研究）だとしても，国際学術誌に掲載されるような重要なテーマに取り組むことができる。テーマと材料（つまり，プランクトン試料）は教員が準備しているため，研究室に入ると直ぐに取り組むことができ，時間を浪費しなくてすむ。

　ただし，この方法のデメリットとして，研究を始めた時点では，学生がその研究の意義を十分に理解できていないことが挙げられる。教員から言葉では説明を受けるが，本当の意味で重要性を理解するまでには至らない。しっかりと理解し，自分の言葉で人に説明できるようになるには，関連する論文を多く読む必要がある。当然それには時間がかかるため，まず手を動かしてサンプル分析を覚えてもらい，並行して論文を読み，理解していく。

　このやりかたで 1 年間頑張ることによって，卒業研究が完成する 2 月末には，研究の意義と自分が行ってきたことを堂々と説明できるようになっている。そして，修士課程に進学した場合（プランクトン研究室では 8 割程度が進学する）は，卒業研究を英訳し，国際学術誌に投稿する。修士課程の間に，各自 1 報は筆頭著者として論文を出すことができ，それが奨学金の返還免除や，学生自身による研究費の獲得へつながっていく。

2.3　海洋学，プランクトン学，群集生態学の関係

　海洋学とは，海洋に関連する学問全般を指す。自然科学の一分野であり，地球科学としても認知されている。研究対象によって，海洋物理学，海洋化学，海洋生物学，海洋地質学などに分けられる。私が研究対象としている海産プラ

ンクトンは，海洋生物学に分類される。

　一方，プランクトン学とは，プランクトンを対象としたすべての学問である。用いる手法や研究する目的により，群集生態学，実験生態学，遺伝学，進化学など，さまざまな学問と関連している。また，プランクトンは，海洋に限らずあらゆる水圏（湖沼や河川など）に生息しているため，大きく分けて淡水産と海産に区分されている。

　そして，群集生態学とは，「どこにどのような群集が存在しているか」「その群集が形成されている理由は何か」を解き明かす学問である。群集とは，ある時ある場所に生息している生物の個体群をまとめたものを指す。群集は，ある環境にどのような種が何種いるのか，どれだけいるのかなどによって表現される。その特徴は，場所や時間で変化する環境と密接に関連している（図 2.1）。ある 2 地点間において，環境が類似している場合（図 2.1 のパターン A）は，類似した群集が出現する可能性が高い。しかし，2 地点間の環境の差が大きい場合は（図 2.1 のパターン B），そこに出現する群集の差も大きくなる。これは，種ごとに好ましい環境がある（あるいは環境に生物が選択される）という大前提に基づいている。パターン B はパターン A に比べて，群集の差を表す非類似度が大きい。

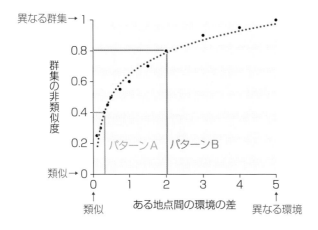

図2.1　群集生態学における環境と群集との関係。ある 2 地点間の環境の差が，小さい場合をパターン A，大きい場合をパターン B としている。非類似度とは群集間の差を表す指標であり，0 に近づくと類似しており，1 に近づくと異なっていることを意味する。

　プランクトンには，前述のようにさまざまな分類群や種が存在し，それぞれが異なる生活史を持つ。暖水性種や冷水性種に始まり，沿岸性種，汽水性種，深海性種など，好む環境も千差万別である。そのため，環境ごとに生息するプランクトンの種類が変化する。これが，プランクトンにおける群集生態学の考えかたの基本である。私の専門は，海洋生物学のなかのプランクト

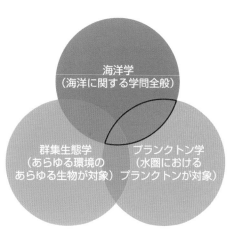

図2.2　プランクトン学，群集生態学，海洋学の関係。赤線で囲んだ部分が筆者の専門分野。

ン学であるが，とくにこの群集生態学を方法として用いることが多い（図 2.2）。

プランクトンの面白さ

　海洋学では，海流や水の循環を調べる海洋物理学，海水中に溶けている化学成分を分析し，そこから海洋の物質循環や生物生産を見積もる海洋化学，そして海洋生物の生態を調べる海洋生物学がある。プランクトンは海洋生物学に該当する。「プランクトンは目に見えるので，人に説明しやすいところがうらやましい」と海洋物理学や海洋化学を専門とする研究者からよく言われる。確かに物理や化学分野では，測器を用いて得たデータを図で示して初めて目に見えるものとなる。なるほど，そのとおりである。

　しかし，プランクトン研究を説明する際には，プランクトンの生き様，彼らが生活している空間および感覚が，いかに私たち人間と異なるかということを把握しておかないと理解できるものではない。

　動物プランクトンで優占するカイアシ類について例を挙げてみよう。まず，体長が数 mm しかないので，水を粘性が高いものと認識しているはずである。目はないが，受光器を持っているため，光の方向や強さを認識できると考えられている。最近の研究では，水中であっても月の光を認識して，鉛直的に分布水深を変えていることもわかっている。餌を採るときは，水中を歩くように泳ぐ

摂餌遊泳を行うものがいる。これは，泳ぎながら水中に漂っている餌の粒子を捕まえて食べるということである。まず繊毛で餌を認識し，体の向きを変え，その餌を捕まえ，口元に運び，口でくわえて，かみ砕いて飲み込む。餌が食べられないものであった場合は，口にくわえたときに吐き出す。この一連の動作を，なんと0.05秒という短時間で行っているというから驚きである。

　このように，プランクトンの1分類群であっても摩訶不思議な生態を持っている。たいへん面白いと思うが，究極的には，私たち人間には真にプランクトンを理解することは不可能だと考えるときもある。

2.4　研究の方法

　私が気候変動によるプランクトンへの影響を評価する方法は，大きく分けて3つある（図2.3）。1つ目は，船で現場に行き，生き物を採集して，採集した環境と生き物とを比較することによって，それらの関係性を導き出す方法である（前述の群集生態学に該当する）。2つ目は，生き物を実験室内で培養・飼育し，気候変動を想定した実験条件（たとえば水温の上昇など）によってどのように生き物の活性（呼吸，光合成など）が変化するかや，逆に耐性があるかなどを調べる方法である。3つ目は，将来的な気候を再現した条件で生物がどのように変化（分布，現存量など）するのかを，モデル計算によって求める方法である。

　一長一短があるのだが，私がこれまで主に用いてきたのは方法①である。端的に言えば，現場へ行き，植物および動物プランクトンを採集し，持って帰り，顕微鏡の下で種類を同定しながら数える。これは，方法①のなかでも最も古典的な手法と言える。なぜそのような方法で研究しているのかを，方法ごとの特徴を比較しながら説明したい。

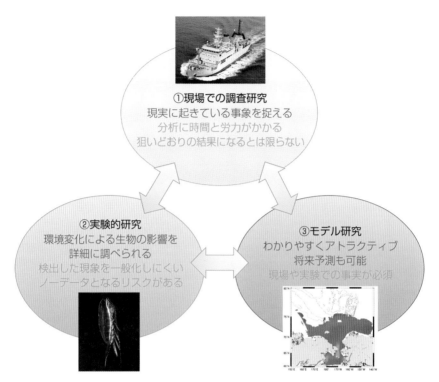

図2.3　筆者がプランクトン研究に用いる研究手法の関係。調査船で現場に行くときは，①と②を用いる。その後，データや知見が蓄積してきたところで，③を行う。

❖ 生き物に接するか，パソコンで計算するか

　まず，方法①と③を比べると，実際に生き物に接する①とパソコンのなかで計算する③という違いがある。これについては，研究対象を自らの目で見なければ，その生き物を本当には理解できないだろうという私の根本的なスタンスがある。好みと言い換えてもいい。そのため，必然的に①のほうが性に合っている。

　一方，方法③の最大のメリットとして，わかりやすくアトラクティブな結果が得られやすい。さらに，将来想定されている環境をパソコン内で再現することにより，そのときの生物群集の状態を予測できる。そのため，わかりやすい成果を求められる場合には，この方法③が大いに役立つ。ただし，方法①に

よって現場で明らかにされてきた事実（環境と生物との関係など）がないと，モデルを組むことができない。そういう意味では，方法①と③は相互補完的な関係と言える。

❖ 多くの生物を対象とするか，特定の種類に注目するか

次に，方法①と②だが，多くの生物を浅く広く対象とする①と，特定の種類に注目する②という違いがある。方法②のメリットとしては，特定の種について，環境変化を想定した実験を行うことにより，その生物がどのように応答するかを実際のデータとして得ることができる。

しかし，北極海での研究を進めるうえで，この2つにはいろんな制限やデメリットがある。方法①では，調査に行く機会を確保できたとしても，環境と生物との関係を見いだせない可能性もある（たとえば，海氷が例年どおりで，生き物も通常の状態であった場合など）。そのような結果も重要なのだが，多くの労力をかけた割には，必然的に注目度が下がってしまう。一方，方法②では，狙っていた生物が採集できなければ，実験ができない。つまりデータが何も得られないということになる。また，上手く採集できても，実験で良い結果が出るとは限らない。そのような意味で，方法①と比べて何も得られない確率が高いと言える。

これらの弱いところを補い合うため，私は方法①と②の両方を使用する研究テーマを作成し，調査に臨んでいる。そして，ある程度，現場のデータが蓄積できたら，方法③を用いて，さらに有益な情報へと昇華させる。つまり，気候変動によるプランクトンへの影響を見るときに，実際に生き物に触れながら研究し，その変化を実感でき，かつ生態系全体の話へと発展できるように，対象や手法を広く設定する戦略をとっている。

❖ 新しい方法か，古典的な方法か

一方で，方法①については，さまざまなものが開発されてきている。たとえば，植物プランクトンの量の変化は，衛星によって観測できるようになった。しかし衛星観測では，プランクトンの量はわかるが，種類やその状態（細胞の

状態）についてはわからない。そのような情報は，実際にその場へ行ってプランクトンを採集しないと調べることはできない。動物プランクトンに関する研究でも，音響を使って分布を連続的に調べることができるが，プランクトンの種類まではわからない。

　生き物の種類を知ることは，生態系の多様性を評価する上で欠かせない情報である。また，種類ごとに生理活性（光合成，増殖，呼吸，摂餌，排泄など）や生活史（寿命や子孫の残しかたなど）を正しく把握しなければ，その生き物と環境との関係を正しく理解することはできない。つまり，プランクトンの種類を見分けるということは，プランクトン学において非常に重要な基礎であり，欠かせない技術となる。

　これらの理由から，私は船で北極海まで観測に行き，プランクトンを採集し，古典的な方法で調査している。この方法の最大の利点は，古典的であるからこそ，過去の試料やデータと比べることができ，長い時間スケール（たとえば数十年）での気候変動とプランクトンとの関係を詳細に調べることができる点である。

2.5　研究の実際

　ここでは，植物プランクトンと動物プランクトンそれぞれについて，最も基礎的な採集方法，固定方法および顕微鏡での計数方法について説明する。

❖ 植物プランクトン

　植物プランクトンは水中に多く懸濁しているため，一般的にバケツや採水器（外洋での調査ではニスキン採水器が最もよく使用される）を用いて海水と一緒に採る（図 2.4）。表面海水はバケツで採り，鉛直的には採水器を用いる。ニスキン採水器は，上下にふたのついた筒で，ふた同士はゴムでつながっている。所定の水深まで降ろし，ふたを閉めることによって，その水深の海水を，他の水深の海水と混ぜずに採ることができる。

　船上では，採水器からボトルに海水を移し，固定剤で海水中に存在している

植物プランクトンを固定する。固定とは，生物の自己分解や腐敗を止める処理を意味する。植物プランクトンの固定には，グルタールアルデヒド，ルゴール，ホルマリンなどが用いられ，それぞれ安全性，固定力，保存期間，細胞の変形などが違うため，研究目的に合わせて相応しい薬品を選ぶ。なお，植物プランクトンは固定したとしても，長くて1年しか試料は保管できない（保管中に細胞融解や破裂が起こるため）。

外洋調査では，ボトルに入れた試料に固定剤を入れ，冷暗所で保管し，陸上に持ち帰る。し

図2.4 植物プランクトンを採集する道具。CTDは Conductivity Temperature Depth の略。電気伝導度，水温，水深を測る装置。

かし，すぐに陸上実験室に試料を持ち込める沿岸域や湖沼での調査では，固定せずに直接観察するほうがよい。固定剤による影響（細胞の膨張，萎縮，破裂，融解など）を受けずに，より正確に形状を観察したり，数えたりできるからである。

実験室では，濾過やサイフォンを用いた濃縮を行う。これは，一般に外洋域では植物プランクトン濃度が薄いためである。濃縮することにより，顕微鏡による観察で細胞を見つけやすくなり，正確な細胞密度を求めることができる。細胞数を数えるときは，濃縮試料の一部をスライドガラスに載せ，倒立顕微鏡または正立顕微鏡で観察するのが一般的である。

❖ 動物プランクトン

動物プランクトンは，プランクトンネットと呼ばれる網をある一定距離曳くことによって採集する（図2.5）。採集に使用するネットの目合い（網目の大き

さ），形状および曳きかた（鉛直，水平，斜向）は，調べたい生物のサイズや生態（遊泳力が高い，体が壊れやすいなど）によって適宜相応しいものを選ぶ。採集に用いるネットの口に，濾水計（プロペラが回り，その回転数が記録される）を装着することによって，ネットを通過した海水の量（濾水量）を見積もることができる。

　採集した動物プランクトンは，ボトルに入れ，ホルマリンによって固定する。植物プランクトンとは異なり，ほとんどの

図2.5　動物プランクトンを採集する道具

動物プランクトンは，若干の体サイズの萎縮が見られるものの，ホルマリン海水中で半永久的に保存することができる。そのため，過去の試料は，重要なアーカイブとして研究機関に保管されている。

　種同定や計数を行う際は，多くの場合，試料を分割して作成した副試料を使用する。副試料を格子付きのガラスシャーレに入れ，同定しながら計数する。あるいは同じ分類群や属ごとにピンセット（昆虫ピンセットが望ましい。Hammacher 社製のライトピンセット HWC118-10 が使いやすい）で拾い出す。カイアシ類を例にすると，属ごとに拾い出したものを発育段階ごとに分け，最後に同じ発育段階内で種ごとに分けると，間違いが少なく効率よく分けることができる（図2.6）。慣れてくると，泳いでいる個体でも見分けられるようになる。船上では，生きている個体を取り分けて実験することもあるため，動物プランクトンを研究するときには必須の技術と言える。

　次章からは，実際の調査の様子や船上生活について，経験を交えながら述べていく。

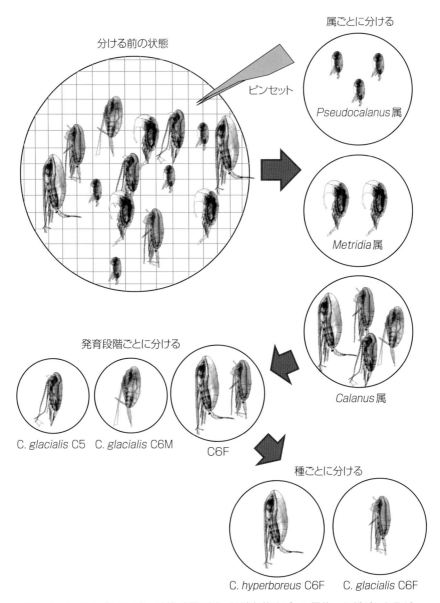

図2.6　カイアシ類の同定・計数手順の例。経験を積めば，1個体でも種がわかるが，初めは似た者同士（たとえば，上記のように属ごと）を集めるとよい。わかりやすい同定形質を使って分けていくと間違いがない。

カイアシ類の発育段階

　カイアシ類は甲殻類の一種（正確には甲殻亜綱に属する）であるため，脱皮
により成長する。産卵は，水中に放出する種と，抱卵する種がいる。卵が孵化
すると，ノープリウス幼生となる。ノープリウス幼生が１期から６期まで成長す
ると，コペポダイト幼体に変態する。コペポダイト期も１期から６期まであり，
コペポダイト６期が成体となる（図１）。

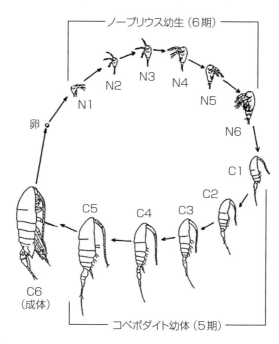

図1　カイアシ類の一般的な生活史。Nはノープリウス期，
Cはコペポダイト期を意味する。（Grice，1970より）

　カイアシ類は，脱皮をする度に遊泳肢（swimming leg）の数や尾部
（urosome）の節の数が増える。なので，遊泳肢と尾部の節数を確認すると，
発育段階がわかる。具体的な見分けかたを図２に示す。左の個体は，遊泳肢
が５本で尾部の節が４つあることからコペポダイト５期（C5）だということが
判別できる。一方，右の写真は，遊泳肢の数も尾部の節数もC5と同じだが，

尾部に産卵孔があるため，C6の雌成体と見分けることができる。留意点として，成長にともなうこの遊泳肢と尾部の節数の増加パターンは，カイアシ類の属ごとに異なる。そのため，ここに示すものが適用できるのは*Calanus*属のみである。

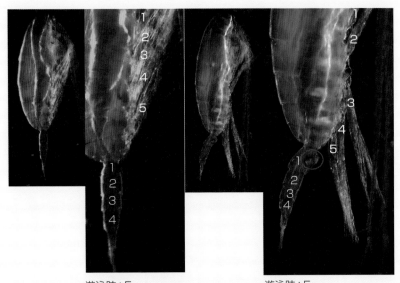

遊泳肢：5
尾部の節数：4

遊泳肢：5
尾部の節数：4（産卵孔あり）

	C1	C2	C3	C4	C5	C6（成体）
遊泳肢	2	3	4	5	5	5
尾部の節数	2	2	2	3	4	♀ 4 ♂ 5

図2 カイアシ類の発育段階の見分けかたの例。写真中，白の数字は遊泳肢，黄色の数字は尾部の節，赤丸は産卵孔を示す。下の表は*C. glacialis*の発育段階ごとの遊泳肢と尾部の節数の一覧。属ごとに遊泳肢と尾部の節数の増えかたのパターンが異なり，この表は*Calanus*属のみに該当する。

第3章 観測現場で体験してきたこと

3.1 実習航海

　北海道大学水産学部では，実習航海と呼ばれる科目がある。これは，北海道大学水産学部附属練習船である「おしょろ丸」や「うしお丸」に短期間（2，3日から長くて2週間）乗り，船舶によるさまざまな調査方法，船上での実験や分析方法を学ぶものである。その内容は，各種海洋観測に始まり，トロール調査，鯨類や海鳥の目視調査，船の操船や航海術など多岐にわたる。船が向かう海域は，航海日数で制限されるが，多くは北海道沿岸，日本海および北太平洋亜寒帯域である。実習という名のとおり，学生の教育が航海の主な目的なので，乗船する学生たちは体験的に幅広い内容を学ぶことができる。勉学だけに留まらず，乗船することで得られるものは多い。何より，船内という限られた環境で集団生活を送るうえに，外洋に出ると携帯電話の電波が届かなくなるため，日常生活では得られない体験となる。毎年，自然と学生たちはなかよくなり，航海の前後で雰囲気がまったく変わることが面白い。

　そんな実習航海のなかで，最も長期間かつ内容が研究に特化しているものがある。現在は，洋上実習 II という名前になっているが，その昔は通称「北洋航海」と呼ばれ，水産学部の一大イベントであったと伝え聞いている。

3.2 初めての調査航海

　私は，「おしょろ丸」（当時は IV 世）で 2007 年 7 月に実施された北洋航海で，初めて北極海へ行くことができた。3 年生までの課程で実習航海には参加していたのだが，調査を主体とした航海への参加は初めてであった。そのため，このときのことは，いまでも鮮明に覚えている。

❖「おしょろ丸」出港

　出港日である7月1日は好天に恵まれ，とても気持ちの良い日であった。出港時には，研究室の関係者，教員，学生，卒業生，応援団などが岸壁に詰めかけ，盛大な出港式を行ってくれた（図3.1）。式後，乗船者は恒例となっている差し入れを受け取り，船に乗り込む。汽笛と共に出港。大きく手を振りながら，遠ざかっていく岸壁を見ていた。これから始まる航海への期待で胸が一杯であった。

図3.1　「おしょろ丸」IV世と北洋航海出港の様子

　「おしょろ丸」は，まず初めに，北太平洋の 170°E 付近にある天皇海山を横断するように，44°N 線のライン観測を行った（図 3.2）。CTD による海洋環境の測定だけでなく，VMPS（Vertical Multiple Plankton Sampler）によるプランクトンの鉛直区分採集や，流し網による鮭の採集も行った。その後，アリューシャン列島海域で観測を行い，米国アラスカ州のダッチハーバーに入港した。

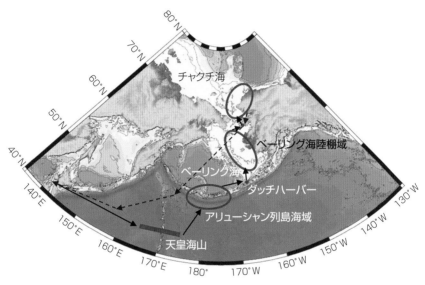

図3.2　2007年北洋航海の調査海域と航路図（上）。航海中に行った海洋観測と，実験室内での様子（下）。手前が大学4年時の私。

❖ ダッチハーバーにて

ダッチハーバーはアリューシャン列島にある港町で，北米有数の漁業基地として有名である（図3.3）。日本水産の関連会社であるユニシーがあり，ベーリング海で採集された魚（スケトウダラ）やカニ（タラバガニやズワイガニ）が水揚げされている。ダッチハーバーに上陸した私は，初めての海外ということと，久しぶりの陸地でうれしくなり，乗船者たちと歩き回った。と言っても，スーパー2軒と，いくつかのレストランがあるだけなので，楽しみは限られている。それでも，日本では見られないほど大きな16インチのピザ（およそ40 cm）や地ビール（アラスカンアンバーが最高）を堪能でき，大満足であった（図3.3）。

図3.3 ダッチハーバーのユニシー工場近くにあるバンカー・ヒルから港を見下ろす（上）。ウナラスカ空港にあるエアポート・レストランで注文した特大サイズのピザ（下）。

ダッチハーバーからは，外国人の研究者や他機関の研究者の方々が乗船し，船内が一気に賑やかで国際色豊かになった。その後，南東部ベーリング海で調査を行い，ノームに寄港してから，「おしょろ丸」はさらに北へ向かった。

❖ 暖かかった北極海

　いよいよ北極海での調査が始まった。ベーリング海峡を抜けて，北極海に入ったが，たいして寒くない。2007 年は異常に暖かい年であった。北緯 71 度なのに，海氷がないどころか，防寒着なしで外作業ができるほど暖かった。例年 6°C ほどの海面水温も，この年は最も高い海域で 14°C もあった。まだ経験の浅かった私は，観測中はプランクトンの様子が例年とどのように違うのかわからなかったが，その後，修士研究で取り組み，明らかにした（4.3 節を参照）。

　結局，この年の観測では，海氷に出くわさないまま北極海を後にした。ベーリング海へ戻る途中の 8 月 6 日，コククジラの子供がシャチ数頭に襲われている場面に遭遇した。シャチは，代わる代わるコククジラの上に乗りかかり，溺死させようとしていた。目の前で繰り広げられる壮絶な捕食シーンは圧巻で，まさに死闘であった。このとき同乗していた朝日新聞社の記者の方の写真が，朝日新聞賞を受賞している。

　たいへんなことも多かったが，何もかもが初めてで，人生観が変わるほど良い経験になった。そして，この航海から私の極域研究は始まった。

3.3　JAMSTEC「みらい」北極航海に参加

❖ 海洋地球研究船「みらい」

　修士課程 1 年の 2008 年 8〜10 月，JAMSTEC「みらい」の北極航海に参加した。この船は総トン数が 8700 トン，全長 128.5 m，最大乗船者数 80 名と，日本の調査船のなかでは大きいほうである。1969 年に就航した原子力船「むつ」を前身とし，1996 年に海洋地球研究船「みらい」として生まれ変わった。これまで，北極，北太平洋，インド洋，南極海と，世界中の海で最先端の海洋観測機器を用いて調査を行ってきた。砕氷船ではないため，海氷を割って航行することはできないが，通常の観測船と異なり耐水能力があるため，少々の氷と接触しても問題はない。

　船上生活の基本は，どんな調査船でも同じだが，「みらい」は船体が大きいため，いろいろな物が充実している。たとえば，ちょっとした運動が行えるト

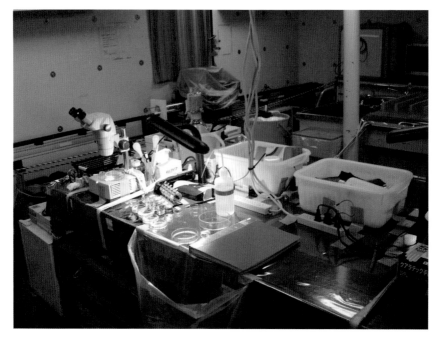

図3.4 ウェットラボの様子

レーニングルーム，サウナ，娯楽室があり，快適に過ごすことができる。研究面では，実験室が13室もある。ドライラボやセミドライラボ，私がお世話になったウェットラボ（図3.4）など，さまざまな研究目的に対応できる素晴らしい機材が完備されている。

❖ 交代なしのプランクトン採集

　「みらい」は8月末に青森県むつ市の関根浜を出港し，翌日，八戸で免税品や物資を積み込んでから，ひたすら北極海を目指した。途中，ダッチハーバーに寄港し，アイスパイロットや海外の研究者が乗船した。

　観測は，ベーリング海峡を通過してから開始した（図3.5）（この航海で得られた成果については4.2節で解説）。このときの調査は，プランクトン担当が私だけということもあり，すべてのプランクトンネット観測を一人で行った。大学4年生のときの「おしょろ丸」北洋航海で鍛えられていたため，採集自体

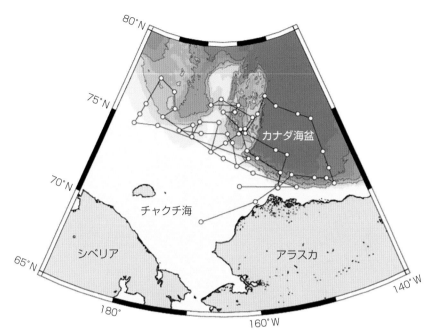

図3.5　2008年の「みらい」北極航海の航路図。
白丸の地点でプランクトンネット観測を行った。

に問題はなかったが，交代してくれる人がいないので 24 時間体制（もちろん
休息はとるが）で観測をした。

　観測海域に入ると，しばらくは十分な睡眠はとれないのが普通である。誰か
らも強制はされないが，自分がやりたい研究で，信頼に足るデータを得るため
には，必然的に相当の労力が必要になる。そして何より，国民の税金で動いて
いる調査船での観測時間は貴重であり，いかに効率良く，乗船している研究者
全員が最大限の成果を挙げるかを考えることが求められる。

❖ 夕食前の会議

　調査航海というものは，どこでどのような観測を行うか，念入りに計画を立
ててから出発する。それでも予定外のこと（荒天，機材の故障，事故など）が
起これば，その都度，関係者で会議し，対応策を考える。とくに極域の場合は

「海氷」という，不確定要素が多く，船舶の安全に直接的に脅威をもたらすものを考慮しないといけない。

　「みらい」北極航海の場合，基本的に毎日，夕食の前に研究者全員，キャプテンをはじめとした船のクルー，観測技術員などが集まり，会議を行う。そこでは，気象・海況予報（大気の研究者が参加されているときは，船上分析して詳細に説明してもらえる），観測日程の調整，観測のための情報交換を行い，2〜3日後までの予定を相談し，確定する。場合によっては，船上で得たデータからわかった速報を共有し，観測プランの立案に役立てることもある。プランクトン研究の場合は，採集したものをすぐに顕微鏡で観察するので，生き物の変化（種類や大きさが変わったなど）に気が付くことがある（4.4 節を参照）。

❖ 凍る海へ

　チャクチ海での観測を終え，カナダ海盆域に入っていくと，表面水温は一気に 0℃ 近くまで下がり，海氷に近づいていることを実感する。海氷域での観測は，北極航海で最も緊張する場面である。

　当然，気温は氷点下で，低気圧などによって北風が吹くと一気に下がる。冷たい空気で海面が冷却されると，結氷する。砕氷船ではない「みらい」は，いったん氷につかまってしまうと自力での脱出は不可能となり，救助を待

図3.6　海氷域を航行する「みらい」（上），泳いでいたシロクマ（下）。（撮影：JAMSTEC藤原周博士）

つしかなくなる。そして，白夜が終わった 9 月の北極海は，夜の時間が長い。大きな海氷とぶつかると，船体に損傷を受けるだけでなく，大きな「みらい」といえども転覆の可能性はゼロではない。これらの危険を避けるため，海氷に接近するときは，つねに天候に気を配り，観測は基本的に昼間しか行わない。

　カナダ海盆での観測を進めるうち，ついに待望の海氷を拝むことができた（図 3.6）。大小さまざまな氷はとても美しい。「みらい」は海氷群のなかを 2〜3 ノットでゆっくり，海氷をできるだけかわしながら進む。船体に氷がぶつかると，「ガン」「ゴリゴリ」と音が響く。本当に凍る海に来たのだと感動した。

　観測をほぼ予定どおり終了し，チャクチ海を南下しているとき，それと遭遇した。1 匹のシロクマである（図 3.6）。一生懸命に泳いでいる。近くに海氷か陸地があるのかと，みんなで確認したが，衛星データを見る限り，辺り数百 km は何もない。船が減速すると近づいてきたが，どうしてやることもできない。切ない気持ちになりながら，その場を去った。

　2 度目の北極航海は，いろいろな出会いもあり，何かと考えさせられるものであった。海氷が減ることによって生態系がどのように変化していくか，自らで研究したいという気持ちが強くなった。

❖ 2019 年，学生たちと

　その後，2010 年，2012 年，2013 年と「みらい」に乗船し，北極海で調査を行ってきた（その成果については第 4 章で）。そして 2019 年 10 月，再び「みらい」北極航海に参加する機会を得た。

　この年は，10 月の海氷面積が衛星観測史上最小を記録した。とくに，「みらい」が観測をしていた海域では，例年であれば結氷していくはずが，暖かな南風が吹き続けて，逆に海氷が後退していた。風だけではなく，南から流入している暖かい海水の影響も考えられるが，いまのところ断言はできない。

　この航海には学生 3 名と一緒に乗船し，プランクトンに関する観測と実験を行った。船上での作業はたいへんである。プランクトンネット観測の様子を動画 3.1 で観てほしい。極域では，防寒性能の高いスーツ（マスタングスーツ）の着用が義務付けられており，甲板での作業時は全員が着る。気温が低いた

め，甲板が凍り付き，滑りやすくなる。当然，海水も冷たい。このように，観測自体が重労働なのに加えて，採集したプランクトンの処理は，繊細さと手際の良さが求められる。顕微鏡を使って，種類を見極める目も必要である。

動画3.1 北極航海におけるプランクトンネット観測の様子

www.kaibundo.jp/hokusui/
plankton_31.mp4
（15MB）

　長期航海は，マラソンを走っているような，山を縦走しているような，そんな気持ちになる。起きて，着替えて，観測して，顕微鏡を覗いて，ちょっと休んで，また起きての繰り返しだが，変化は確かにある。細かなことに気を配りながら，つねに頭をフル回転させる。航海中は必死だが，陸に戻れば充実した日々だったと感じる，そんな航海が私は好きである。

3.4　海外の砕氷船に乗る

　北極海で調査を行っている国は日本だけではない。アメリカ，カナダ，ロシア，ノルウェー，ドイツ，オランダ，韓国，中国などが挙げられる。2014年にカナダの沿岸警備艇「アムンゼン」に乗船する機会があり，複数の日本人研究者と共に参加した。

　「アムンゼン」は，全長98 m，総トン数7000トンの砕氷船であり，ヘリコプターも搭載できる（図3.7）。アメリカやカナダの北極海沿岸域には，この船が岸壁に停泊できる十分に深い港がないため，乗下船にはヘリコプターを使う。このときは，バローから乗船し，オーロラ観光で有名なイエローナイフで下船した。

図3.7　カナダ沿岸警備艇「アムンゼン」が2014年の北極航海後にイエローナイフ沖に停泊しているところ。北極海に面した街には水深の深い港がないので，船が着岸できない。そのため，ヘリで物資の輸送や人員の乗下船を行う。

❖ 日曜日はコース料理

　「アムンゼン」はカナダのケベック州に母港があり，船の文化はその影響を色濃く受けている。ケベック州は，カナダのなかでフランス語を主な言語とす

図3.8　「アムンゼン」での食事。上段が週日の朝食，昼食，夕食の例。下段は日曜日の夕食で供された前菜，メイン，デザート。

る唯一の州である。街中の道路標識や看板もすべてフランス語がメインで，サブとして英語が併記されている。

　「アムンゼン」はドライシップ（dry ship，飲酒を禁止している船）であるため，個人的にはお酒を持ち込めない。しかし，毎週火曜日と木曜日は，船内のバーがボランティアによって運営され，1人3杯まで飲める決まりがある。そして，日曜日の夕食時のみ，ワインを購入して飲むことができる。

　食事はとてもおいしく，いつも完食していた。とくに，日曜日のディナーはコース料理となっており，前菜，スープ，メイン，デザートが供される（図3.8）。ちなみに，コーヒーはやはりエスプレッソが基本だった。

❖ ハンター同行で海氷上へ

　「アムンゼン」は砕氷船なので，「おしょろ丸」や「みらい」のような耐氷船では行けない海域で観測を行うことができる。海氷をバリバリと割りながら進む（図3.9）。氷盤内を進むときは船が氷に押し戻されるのが体に伝わってくる。

　この船の極めつけは，海氷に船を係留し，海氷上に降りて活動できることである（図3.9）。このとき，ヘリコプターによる周囲の偵察と，ライフルを持ったハンター（乗組員）の同行が必須となっている。理由は言わずもがな，シロクマ対策である。手が空いている乗船者も，ブリッジからの目視を手伝う。水平線のかなたに見つけたとしても，大急ぎで撤収しないといけない。それほどにシロクマの足は速い。研究者は，自動観測測器を設置したり，メルトポンド（melt pond）で採水を行ったりと作業した後，全員無事に船に戻ってきた。

　この航海で，私は日本から持ち込んだ機材を使い，プランクトンネット観測と採泥を行った。同乗していたラバル大学（カナダ）のメンバーもプランクトンを研究していたので，観測を手伝ったり，実験を見せてもらった。経験したことのないものに触れ，新しいものを知り，とても勉強になった航海であった。

図3.9 海氷のなかを進むカナダ沿岸警備艇「アムンゼン」（上）。海氷の厚さは1〜2mあるが，砕氷しながら進むことができる。海氷上に見える水たまりはメルトポンドと呼ばれ，雪や氷の融け水が溜まっている。下は海氷上に降り立ち観測を行う研究者と，同行するハンター。

プランクトンの撮影

　顕微鏡を通して覗くプランクトンの世界をきれいに写真におさめるには，良い撮影条件と多少の技術が必要である。プランクトンの多くは透明なので，撮影がとても難しい。生きているものは当然だが泳ぎ回る。そして，水中であるから，光の屈折の問題もある。

　研究の傍ら，時間が許すときに撮影を試みているが，まだまだ素人の域を抜けられない。そんな私であるが，これまでの経験から良い写真を撮影するために気を付けていることを紹介しよう。

　2019年5月の北海道大学水産学部の155E実習，7月の東京大学「白鳳丸」熱帯航海および10月の「みらい」北極航海で撮影した動物プランクトンの写真を巻末にプランクトン図鑑として示す。これらの写真は，ライカの実体顕微鏡とカメラシステムで撮影している。いずれの動物プランクトンも採集後すぐに撮影しているが，炭酸水によって弱く麻酔をかけている。撮影手順と留意点を以下に記す。

① 　試料採集に用いるネットには大型のコッドエンドをつける。それによりコッドエンド内での攪拌によるダメージを防ぐ。ネット採集後，ゆっくりと試料を大型シャーレに移す。

② 　プランクトン試料に炭酸水を入れる。目安は試料体積の10％（1Lであれば，100mLの炭酸水を追加）。炭酸水の追加後，ゆっくり攪拌し，容器の壁面に気泡が出ていると入れすぎの可能性あり。入れすぎるとプランクトンが死んでしまうので注意する。また，撮影対象のプランクトンの種類によって麻酔の効きかたに差があるため，あらかじめ別容器に取り分けてから麻酔する方法も有効である。

③ 　撮影したい個体をピンセットで炭酸水入りの濾過海水中に移す。スライドガラスをきれいに拭き，その上に濾過海水の水滴をつくり，水滴中にプランクトンをそっと置く。ポイントは，きれいな濾過海水を使用し，小さなゴミができるだけ入らないようにすることである。

④ 　顕微鏡下でプランクトンの姿勢を調整し，気泡やゴミを除去する。

⑤ 　光の当たりかたを調整する。カメラの設定で，とくにISO感度と露光時間を調整し，撮影。

　この方法は，生きているプランクトンが持つ色素や色味が撮影でき，ある程度自由に姿勢を変えられることにメリットがある。しかし，実際のプランクトン（とくにカイアシ類）は，水中で自由に体を伸ばしており，この写真とはまるで異なる。水中での本当の姿を簡単に撮影する方法は，これから見つけていきたい。

第4章　北極海で起こっていること

4.1　太平洋側北極海の海洋環境とプランクトン

　海洋生態系の底辺を支えている植物・動物プランクトンだが，北極域の最近の急激な気候変動が，プランクトンに劇的な影響を与えることが懸念されている。ここでは，私が興味を持って研究を進めてきたことを中心に解説する。

　近年の急激な海氷の衰退によって海洋環境が劇的に変わると，世代時間の短

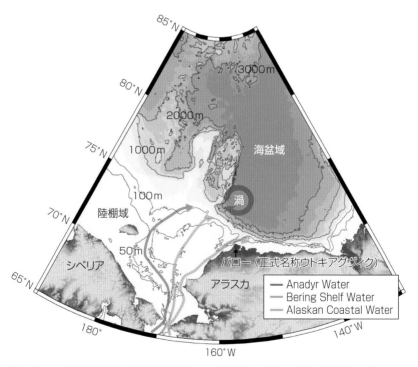

図4.1　太平洋側北極海の物理学的特徴。水深が50m程度と浅い陸棚域と，3000mを超える海盆域がある。太平洋側からは，異なる性質を持つ3つの海流がある。また，陸棚域と海盆域の間の斜面域では，渦が頻繁に形成される。

いプランクトン群集にまず変化が起こると考えられる。太平洋側北極海は北極海のなかで最も海氷の衰退が著しい海域で，ここのプランクトン群集に起こる変化を正確に評価することは，今後の北極海の生態系に起こりうる変化を予測する上でたいへん重要である。しかし，北極海とひとくちに言っても，広大な面積を持つ上に，海域ごとに特性が異なることがわかっている。

　太平洋側北極海は水深が約 50 m の浅い陸棚域（チャクチ海）と，深い（> 3000 m）海盆域（カナダ海盆域）によって構成されている（図 4.1）。

❖ 陸棚域

　陸棚域にはベーリング海峡を通過して北極海に流入する太平洋水が存在している（Coachman and Aagaard, 1966）。この太平洋水には 3 タイプあり，東西で流れる海流の性質が異なる。東側（アラスカ側）を流れている Alaskan Coastal Water は，水温が高く，塩分が低く，栄養塩が低い海水である。一方，西側を流れる Anadyr Water は，水温が低く，塩分が高く，栄養塩が高い。さらに，2 つの海流に挟まれて流れる Bering Shelf Water は，それらの中間の性質を持っている。

　この 3 種類の太平洋水（とくに Anadyr Water）によって栄養塩が北極海に運ばれており，チャクチ海への栄養塩の供給源として重要である（Springer and McRoy, 1993）。さらに，無数のプランクトンも海流によって運ばれている。しかも，3 種類の海流ごとに存在するプランクトンの種類が異なることがわかっている（Hopcroft et al., 2010; Matsuno et al., 2011, 2012 a）。そのため，3 つの海流が流れ込むベーリング海峡周辺では，水温，塩分，栄養塩に加え，動物プランクトン組成も東西で複雑に変化する。また，この海域は，太平洋水による恒常的な栄養塩の供給により一次生産量が多く，沈降粒子量も多いため，豊富なベントス群集が形成されている（Grebmeier et al., 1989）（図 4.2）。

❖ 海盆域

　一方，海盆域では低塩分な海氷融解水が表層に存在するため，塩分躍層が強固に発達しており，湧昇などによる深海から表層への栄養塩の供給は，陸棚斜面域を除いてほとんど見られない。陸棚域を通過してきた高塩分な太平洋水は

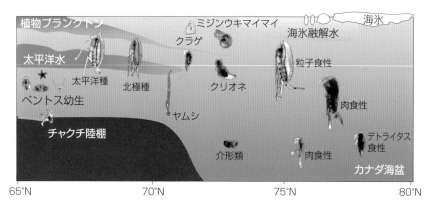

図4.2　太平洋側北極海におけるプランクトンの空間分布。陸棚域では，植物プランクトンによる一次生産が高く，ベントス幼生が多く見られる。また，太平洋水によって運ばれてくる太平洋産種も出現する。陸棚域から海盆域へ移ると，生物密度が薄くなり，出現する種類も変わる。海盆域では，水深ごとにカイアシ類の種が変化する。

密度が高いため海氷融解水の下に沈み込み（Codispoti et al., 2005），亜表層に小規模なクロロフィル a のピーク（$< 1 \, \mu\mathrm{g} \, \mathrm{chl}. \, a/\mathrm{L}$）を形成する（Hill and Cota, 2005）。

　海盆域では一次生産量が少ないために動物プランクトン現存量も少ないことが知られている（Lane et al., 2008; Matsuno et al., 2012 b）。出現する動物プランクトンの種類は鉛直的に変化し，表層では粒子食性種が多いが，深層になると肉食性種やデトライタス食性種が多くなる（図 4.2）。また，バロー渓谷付近の陸棚斜面域ではしばしば高気圧性渦が形成され，栄養塩をより高緯度へ輸送し，渦内では植物プランクトンによる一次生産量が増加することも報告されている（Nishino et al., 2011）。

　このように，同じ太平洋側北極海内でも陸棚域と海盆域で海洋環境は大きく異なっているため，海氷の衰退が海洋生態系に与える影響を正確に評価するには，陸棚域と海盆域それぞれについてプランクトン群集構造の変動を解析する必要がある。

4.2 植物・動物プランクトン群集の水平分布

　海氷の消失にともなう海洋環境の変化がプランクトン群集に与える影響は，一次生産者である植物プランクトン（珪藻類や渦鞭毛藻類）や増殖速度の速い繊毛虫類などの原生プランクトンに最初に現れる。太平洋側北極海において，ベーリング海峡からチャクチ海にかけての植物プランクトン群集は，太平洋水による栄養塩供給と局所的な湧昇によって，ローカルスケールで変化していることが知られている（Sukhanova et al., 2009; Sergeeva et al., 2010）。繊毛虫などのマイクロ動物プランクトンに関しては，1994年に行われた北極海横断観

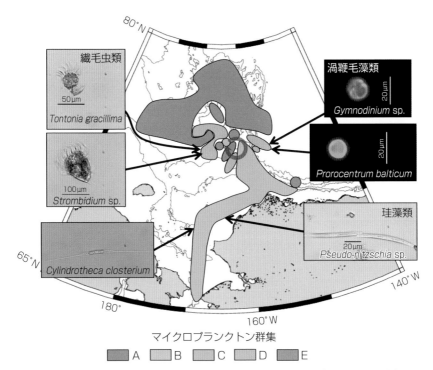

図4.3　太平洋側北極海におけるマイクロプランクトン群集分け（クラスター分析）の結果。陸棚域には珪藻類が優占する群集Bが分布し，海盆域には全体的に低細胞密度な群集が分布した。斜面域には，繊毛虫類が多い群集Cや，渦鞭毛藻類類が多い群集Dが複雑に分布していた。これには，この海域で頻繁に発生する渦による水塊の攪乱が関係していると考えられる。（Matsuno et al., 2014aより）

測によって，その量が陸棚域で多く，海盆域では少ないことと，バクテリアおよび植物プランクトンと動物プランクトンをつなぐ仲介者として，北極海においても重要な役割を果たしていることが報告されている（Sherr et al., 1997）。

　このように，限られた海域または分類群を扱った研究はあるものの，海氷が衰退する海域全体を網羅する研究報告はなかった。この背景に加え，海氷が衰退した後の当該海域では，船舶による夏季の広域調査が可能となっていたこともあり，私は，太平洋側北極海の広い海域でマイクロプランクトン群集の水平分布を調査することにした。

❖ マイクロプランクトン

　2010 年 9〜10 月の JAMSTEC「みらい」北極航海において採水した試料をグルタールアルデヒドにて固定し，静沈検鏡することにより，10 μm 以上のマイクロプランクトンを計数した。この結果，マイクロプランクトン群集は，南北緯度方向に明確に分離しており，陸棚域には珪藻類が卓越する群集が分布することが判明した（図 4.3，図 4.4）。これは，栄養塩濃度の高い太平洋水の流入に起因していると考えられた。一方，斜面域では，渦鞭毛藻類や繊毛虫類が優占する群集が分布していた。これは，高気圧性渦などの複雑な物理環境に起因していると示唆された（図 4.3）（Matsuno et al., 2014 a）。

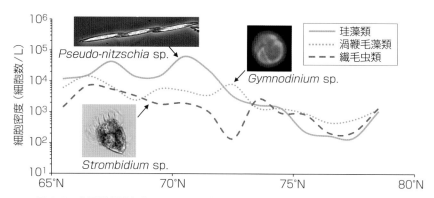

図4.4　太平洋側北極海のマイクロプランクトン群集の南北変化。細胞密度は対数表示であることに注意。陸棚域では珪藻類が最も多いが，斜面域や海盆域になると珪藻類が急激に減少する。一方，渦鞭毛藻類や繊毛虫類は，緯度によってそれほど変化しないため，海盆域での占有率が高くなる。

このように，太平洋側北極海のマイクロプランクトン群集の分布は，太平洋水による栄養塩の供給と物理環境により，大きく変化することがわかった。この結果に関連して，カナダ海盆域では，海氷融解水の増加により，表層の栄養塩が減少し，小型の植物プランクトンの割合が増大していることが報告されており（Li et al., 2009），今後の船舶での継続した観測が望まれる。

❖ 動物プランクトン

このようなマイクロプランクトンの空間分布を受けて，それを餌とする動物プランクトンの水平分布を調査した。

当海域の動物プランクトン群集についてのそれまでの研究の多くは，マイクロプランクトンの場合と同様に，限られた海域のみでの調査に基づくものであった。たとえば，Hopcroft et al.（2010）は，陸棚域での調査結果から，陸棚域に流入する太平洋水ごと（図 4.1 を参照）に動物プランクトンの組成が異なっていることを，チャクチ海において群集の分布が複雑になっている理由としている。一方，Llinás et al.（2009）は，陸棚斜面域での調査結果から，陸棚斜面域に形成される渦によって，陸棚域の動物プランクトンが海盆域に輸送されていることを示している。

このように，太平洋側北極海の広い範囲に広がる動物プランクトン群集の分布とその機構は不明なままであった。このため私は，動物プランクトン群集の水平分布について，太平洋側北極海の広い範囲で調査を行った。

2008 年と 2010 年の 9 月から 10 月にかけて，太平洋側北極海で NORPAC ネットの鉛直曳きを行い，動物プランクトン試料を得た。その結果，動物プランクトンの出現個体数とバイオマスは陸棚域で高かった。これは，前述のように陸棚域のマイクロプランクトンが多いことによるものと考えられる。カイアシ類は出現個体数の多くを占め，優占分類群であった。

両年の出現個体数に基づくクラスター解析の結果，動物プランクトン群集は 4 群に分けられた（図 4.5）。各グループの水平分布は水深とよく対応しており，それぞれ，陸棚域，陸棚斜面域，斜面域および海盆域群集と名付けた（図 4.5）。

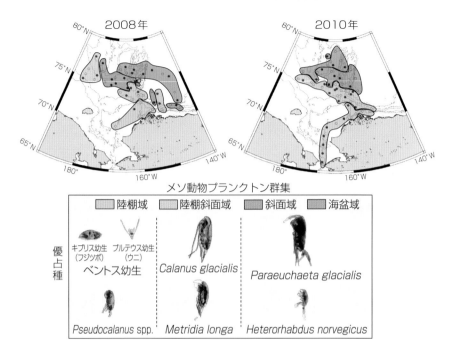

図4.5　夏季の太平洋側北極海におけるメソ動物プランクトン群集の水平分布と，各群集内で優占した種。陸棚域ではベントス幼生と小型の*Pseudocalanus* spp.が多かった。陸棚斜面域では北極海産カイアシ類（粒子食性種）が多かった。一方，海盆域では肉食性の*Paraeuchaeta glacialis*と*Heterorhabdus norvegicus*が多かった。

　各群集の特徴種は，陸棚域群集では沿岸性カイアシ類の *Pseudocalanus* 属とベントス幼生であり，陸棚斜面域群集では北極海産カイアシ類の *Calanus glacialis* と *Metridia longa* の若い発育段階が多く，個体数も多かった。斜面域群集と海盆域群集では深海性種が多かった。

　優占した *C. glacialis* の個体群構造は，南北で異なっており，陸棚域群集と陸棚斜面域群集で個体数が多く，初期発育段階も多かった（図4.6）。一方，斜面域群集と海盆域群集では個体数が少なかった。このような海域間での個体群構造の差は，栄養塩が豊富な太平洋水の流入による一次生産量の海域差に起因していることが示唆された（Matsuno et al., 2012 b）。

54

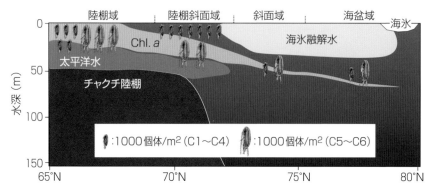

図4.6 優占カイアシ類*Calanus glacialis*の個体群構造の南北変化。陸棚域と陸棚斜面域で個体数が多く、初期発育段階の割合も高かった。一方、斜面域と海盆域では個体数が少なかった。これは、各海域での本種の再生産規模を反映していると考えられる。(Matsuno et al., 2012bより)

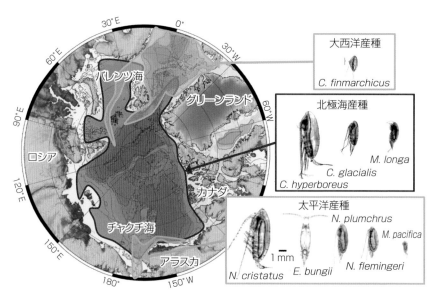

図4.7 北極海の太平洋側、中央部および大西洋側で出現する大型カイアシ類。カイアシ類のサイズはスケールにそろえている。太平洋側のチャクチ海と、大西洋側のバレンツ海には、それぞれ太平洋と大西洋から海水が流入するため、異なる種が出現している。色が重複している海域では、どちらの種も採集されることがある。

4.3　動物プランクトン群集の海氷衰退にともなう変化

　次に，動物プランクトン，とくにカイアシ類に起こっている経年的な変化について紹介する。カイアシ類の種を見てみると，実は北極海内部と北極海に隣接する太平洋や大西洋では異なる種が分布している（図 4.7）。北極海に分布する *Calanus hyperboreus*，*Calanus glacialis*，*Metridia longa* は他の大洋では出現しない，北極海の固有種である。一方で，太平洋や大西洋に分布する種は北極海内でも採集されることがある。北極海は太平洋および大西洋とつながっており，それぞれの海洋から海水が流入している。プランクトンは遊泳能力の低い生物群集であるため，その海流によってそれぞれの大洋に分布している種が北極海内に輸送される。北極海の入り口ではその密度は高いが，内部へ輸送されていく過程で希釈されていくため，正確な追跡は困難であり，限られた範囲にしか運ばれていないと考えられている。

❖ 亜寒帯性プランクトンの北上

　前章で示した広域調査の結果，マイクロプランクトンも動物プランクトンも陸棚域で最も多いこと，太平洋水による栄養塩供給の影響が大きいこと，海域によって構成種および生物生産が大きく異なっていることが明らかになった。したがって，海氷衰退の影響を評価するためには，同じ海域で，異なる海氷の状況（異なる年）で調査を行わなければならない。そこで次に，海氷衰退の前後で，陸棚域（とくに太平洋と北極海が隣接する海域）のプランクトン群集がどのように変化しているのかを調べた。

　海氷衰退前の 1991 年，1992 年と海氷衰退後の 2007 年，2008 年に夏季のチャクチ海において北海道大学附属練習船「おしょろ丸」で採集した動物プランクトン試料を解析した。その結果，動物プランクトンの出現個体数とバイオマスは，1991/92 年よりも 2007/08 年のほうが多いことが判明し，このことから海氷面積の減少は動物プランクトンの現存量や生産量という観点では正の効果があると推定された。

　クラスター解析の結果，動物プランクトン群集を 6 群に分けることができ

た（図4.8）。各グループの分布は，経年的・水平的に明確に分離しており，1991/92年は同様の水平分布であったが，2007/08年は各グループの水平分布が北にシフトしていた（図4.8）。とくに，2007年には，太平洋水により輸送された太平洋産種が優占する群集Dが，チャクチ海南部に見られた。この群集Dは，海氷衰退前の1990年代に見られた群集Aと比べて，太平洋産種の数がおよそ2倍になっていた（図4.9）。この結果は，2007年の太平洋水の流入量が例年よりも多かったことに起因しており（Woodgate et al., 2010），太平洋水の増加が元来存在する北極海産種を北へ駆逐する可能性が示唆された（Matsuno et al., 2011）。

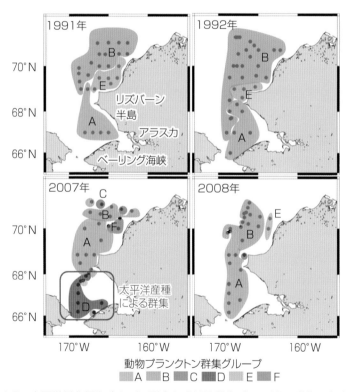

図4.8　太平洋側北極海（チャクチ海）における動物プランクトン群集の年変動。1991年，1992年と比べて，2007年は新しい群集が出現していることがわかった。この群集には太平洋から流入してきた太平洋産種が多く含まれていた。（Matsuno et al., 2011より）

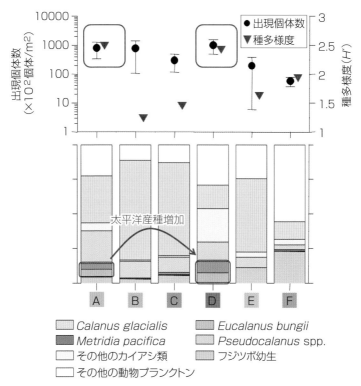

図4.9 クラスター解析によって区分された動物プランクトン群集の個体数，種多様度および種組成。もともとチャクチ海の南部に分布していた群集Aと比べて，新しく観察された群集Dは，太平洋産種の割合がおよそ2倍に増加していた。(Matsuno et al., 2011より)

　さらに，同試料を用いて光学式プランクトンカウンター（OPC：Optical Plankton Counter）によるサイズ組成の計測を行い，動物プランクトンのサイズに基づく Normalized Biomass Size Spectra（NBSS）を求めたところ，群集Dでは他の群集よりも生産性が高いことが示された（Matsuno et al., 2012 a）。また別途，十脚類（カニやエビの仲間）の幼生の出現について調べたところ，過去の文献では 62°N が最北であったズワイガニ（Tanner crab, *Chionoecetes bairdi*）の幼生が，500 km も分布域を北に拡げていたことがわかった（Landeira et al., 2018）。これらのことから，太平洋水の流入量増加は亜寒帯性動物プランクトンの北上をもたらし，チャクチ海における動物プランクトンバイオマス

の増加と生産性の上昇につながると考えられた（Matsuno, 2014）。

　これらの研究によって，海氷の衰退と動物プランクトン群集との間に直接的な関係はなかったものの，温暖な太平洋水の流入量の変化が，北極海陸棚域の低次生態系の現存量，生産量および種組成に影響を及ぼすことが示唆された。

4.4　秋季ブルームの発生とプランクトン

　極域における植物プランクトンのブルームは，緯度ごとにその発生規模と時期が異なることが知られている（Falk-Petersen et al., 2009）。ブルームとは，植物プランクトンの大増殖のことである。北太平洋などの中緯度域では春季と秋季に観察されるが，高緯度域では主に海氷融解時（または夏季）に見られ，氷縁ブルームと呼ばれる。

　この氷縁ブルームが発生した後は，もうブルームは起こらないというのがこれまでの北極海の常識であった。しかし，近年の海氷減少の影響で，秋季ブルームの発生が衛星によって観測されるようになっている（Ardyna et al., 2014）。これは，海氷が減少し，開放水面（海氷がない状態を意味する）期間が長くなると，秋季であっても海面が結氷せず，かつ荒天により下層の栄養塩が有光層内に供給され，植物プランクトンが増殖できるためである（図 1.9 の海氷が溶けたときを参照）。

　秋季ブルームが発生するということは，これまでなかった生産が生じるということなので，北極海内の一次生産量が高まっているのかもしれない。私はその実態をつかむために，再び JAMSTEC「みらい」北極航海に参加した。

❖ 風が吹くとプランクトンが増える？

　2013 年の「みらい」北極航海では，陸棚域（チャクチ海）で 2 週間ほどの定点観測を行った。9 月 10 日に，北緯 72 度 45 分，西経 168 度 15 分に定めた観測点での調査を開始し，8 日後に 10 m を超す強風イベントがあった。この強風イベントで，下層にあった栄養塩濃度の高い海水が，表層の栄養塩の低い海水と一部混ざり合ったことにより，表層のクロロフィル濃度が上がり，秋季ブルームとなった（図 4.10）。「みらい」の観測場所はまさに，その変化をつぶ

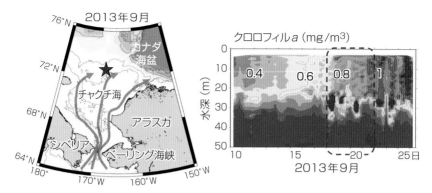

図4.10　2013年9月に北極海内で行った，定点観測の地図（上）と定点観測期間中のクロロフィル*a*の時系列変化（下）。赤の破線は，強風イベントが起こった期間を示す。観測初期と比べて，クロロフィル*a*の濃度がおよそ2倍に増加していることがわかる。（Matsuno et al., 2015より）

さに捉えることに成功していたのである。

　私は，ニスキンボトルによる各層採水，プランクトンネットによるカイアシ類採集を，定点観測期間中，6時間ごとに行った。得られた生鮮カイアシ類を種ごとに顕微鏡下で取り分け，有機溶媒中に入れて，消化管色素量（植物プランクトン由来のクロロフィルなどの合計）を抽出し，それを測定することによってカイアシ類の摂餌速度を求めた。

　その結果，強風イベントの発生後は水柱のクロロフィル*a*濃度が上がり，とくに20 μm以上の大型珪藻類が増えていた（図4.11）。その変化を受けて，カイアシ類（北極海産種の *C. glacialis*）の摂餌速度が上がり，餌要求量（生きていくために必要な餌の量）における植物性の餌の割合も有意に大きくなっていた（Matsuno et al., 2015）。また，これとは別に行った植物プランクトン群集組成の解析では，強風イベントの前後で，優占する珪藻類の種類（Yokoi et al., 2016）や優占する植物プランクトン群集組成に変化が見られた（Fujiwara et al., 2018）。

　このように，大気の変化（強風イベント）が海洋環境に影響を与え，それが速やかにプランクトンの変化をもたらしていたことがわかった。北極海内では，開放水面海域の増加や温暖化により，水蒸気量が上昇して雲が発生しやすくなっており（Bintanja and Selten, 2014），さらには低気圧の発生件数も増加

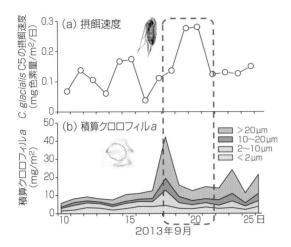

図4.11 2013年9月に行った定点観測期間中のカイアシ類 *C. glacialis* の摂餌速度（a）および水柱積算クロロフィル*a*（b）の時系列変化。赤の破線は，強風イベントが起こった期間を示す。強風イベントにより，20μm以上の大型珪藻類が増え，カイアシ類の摂餌速度が高まったことがわかる。(Matsuno et al., 2015より)

している（Sepp and Jaagus, 2011）。つまり，今後も海氷減少が続けば，このような大気イベントや秋季ブルームは増えていき，上記のような過程を経て，その影響が海洋生態系にも及んでいくと考えられる。

4.5 動物プランクトンの季節変動

　これまで述べた一連の動物プランクトン，マイクロプランクトンの研究によって，北極海海洋生態系の水平分布や経年変動についての重要な側面が明らかになった。しかし，これらの研究はいずれも，船舶によるアクセスが容易な季節（夏季）のスナップショットによるもので，それ以外の季節における情報は十分ではなかった。この状況を打開すべく，セジメントトラップによる周年にわたる動物プランクトン試料採集を試みた。

❖ セジメントトラップ

　セジメントトラップとは，水中のある深度に係留し，上から落ちてくる沈降粒子を連続的に採集する測器である。この係留には，錘（シンカー）を海底に沈め，そこにロープをつないで，途中にセジメントトラップを設置し，最後に浮き（フロート）を付ける（図4.12）。

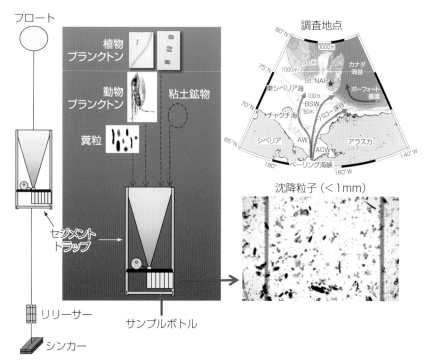

図4.12　セジメントトラップの模式図，試料の写真および調査を行った地点の地図。地図中の★がセジメントトラップの係留地点。サンプルボトルは，あらかじめプログラミングされた時間が経つと自動的に切り替わる。ボトル内には高塩分の海水とホルマリンが入っていて，捕集された沈降粒子は腐敗せずに固定される。

　捕集される沈降粒子には，植物プランクトン，動物プランクトンの糞粒および粘土鉱物が多く含まれるが，動物プランクトン自体も採集される。また，ロープの途中にさまざまな水深で，水温や塩分を測定・記録する測器や海流を測定する測器を付けることにより，生物試料と水理環境データを合わせて解析することが可能となる。

　このような大掛かりな係留系を，1 年間，北極海に沈めておき，翌年回収することにより，1 年分のデータと試料を得ることができる。回収時には，錘に設置しておいた切り離し装置（リリーサー）を作動させ，錘以外が海面に浮いてきたところを，小型ボートで船まで引っ張ってきて，回収する。調査航海において，係留系の投入と回収は，多くの人の協力が必要な一大イベントである。

62

❖ 動物プランクトンの群集構造

　セジメントトラップによる試料採集は，太平洋側北極海ノースウィンド海底平原（図4.12）の深度180〜260 mで，2010〜2012年に行われた。捕集された試料中に出現した動物プランクトンについて解析を行った結果を基に，その群集構造の季節変化について概要を紹介する。

　約2週間間隔で得られた試料の解析から，動物プランクトンの輸送量は10〜11月に多く，カイアシ類が平均で86 %を占めていたことが明らかになった（図4.13）（Matsuno et al., 2016）。とくに多かったのは，ポエキロストム目カイアシ類の *Oncaea parila* で，平均69 %を占めていた。

　クラスター解析の結果，動物プランクトン群集は3群に分けられた。各グループの出現には明確な季節性があり，ベントスの一時幼生（フジツボ幼生と二枚貝幼生）の出現と，結氷下であっても優占するカイアシ類の種組成の変化に応じて群集組成が変化していた。

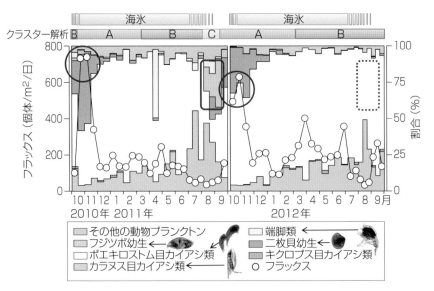

図4.13　太平洋側北極海海盆域における動物プランクトン群集の季節変化。クラスター解析の結果を色付きバーで図の上段に示す。採集されたほとんどがポエキロストム目カイアシ類であったが，8月から11月にかけてはベントス幼生の割合が大きくなり，全体の個体数も増えていた。ただし，その傾向は，2012年の8〜9月には見られなかった。（Matsuno et al., 2016より）

　ベントス幼生は 8〜11 月に増えていた。元々，ベントス幼生は水深の浅い陸棚域に生息しており，セジメントトラップを設置した海盆域（水深 2000 m 程度）には，ほとんど生息していない。多く採集されたフジツボ類は，親個体が植物プランクトンブルームを検知すると，幼生を水中に放出することが知られている（Crisp, 1962; Clare and Walker, 1986）。陸棚域で放出されたベントス幼生が，海流によって海盆域のトラップ係留地点まで運ばれ，セジメントトラップに入ったのだろう。つまり，毎年 8〜11 月にベントス幼生が多く採集されているのは，そのベントス幼生の再生産（次世代を産み出すこと）から輸送を経て，流れ着いたものを反映していると考えられる。一方，2012 年 8〜9 月にはそのようなベントス幼生のピークが見られなかった。この年は例年と比べて海流の向きが変化していたことが報告されており，その物理観測結果とも合っている。

　また，3〜4 月の優占カイアシ類の組成の変化（つまり，群集 A から B への変化）は，カイアシ類の種ごとの食性（粒子食性や肉食性）と行動（日周鉛直移動や季節的鉛直移動）の違いによるものと考えられた。

❖ カイアシ類の生活史

　同じ試料を用いて，優占カイアシ類の生活史解析を行った（Matsuno et al., 2015 a）（図 4.14）。ここでは，とくに優占した *Calanus hyperboreus* について紹介する。試料を解析した結果，*C. hyperboreus* は雌成体が 1 年を通して優占していた。その個体数は，5 月と 9 月にピークを示していた。この種は，3〜5 月に深層から表層へ移動し，6〜8 月は表層に分布，9 月以降は休眠するために深層へ移動するという季節的鉛直移動を行うことが知られている。

　セジメントトラップで採集されたプランクトンが，トラップに入る前に死亡していたか，入ってホルマリンで固定されたかは，遊泳肢の向きや体の破損状態でわかる（Sampei et al., 2009）。ここでは，入ってからホルマリンで固定されていたものだけを数えている。

　さらに，採集されるプランクトンは，トラップ周辺の個体を反映している。つまり，水深およそ 200 m に設置されていたセジメントトラップで，個体数に

64

2 つのピークが見られたのは，そのピーク時にトラップ周辺の水中で個体数が増加していたことを反映している。このことから，セジメントトラップによる観測は，この種の季節的鉛直移動を捉えていたと考えることができる。

　カイアシ類の体内に蓄積されている油球の量についても調べたが，あまり明確な季節変化は見られなかった。しかし，雌成体の生殖腺発達度合いには明確な季節性が見られ，2 月から 6 月にかけて再生産を行っていることがわかった（図 4.14）。

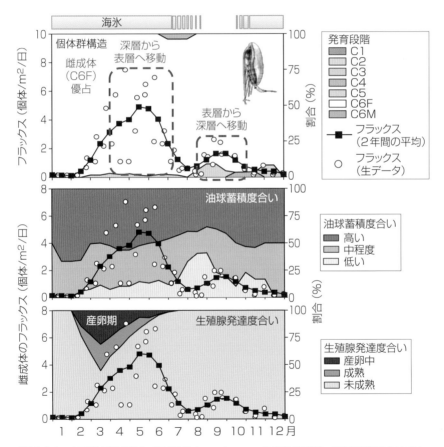

図4.14　太平洋側北極海における *C. hyperboreus* の個体群構造，油球蓄積度合いおよび生殖腺発達度合いの季節変動。セジメントトラップを用いた 2 年間の観測により，この種の季節的鉛直移動と再生産時期が明らかになった。（Matsuno et al., 2015 a より）

❖ トラップ試料でわかったことと発見

　このように，太平洋側北極海における動物プランクトンの群集構造および個体群構造には明確な季節性があり，それは海氷の季節変動，植物プランクトンのブルームのタイミングおよび各々の種の生活史に起因すると考えられた（Matsuno et al., 2014 b, 2016）。海氷と強い関連性があることから，海盆域での動物プランクトン群集および優占種の個体群構造の季節変動は，海氷衰退の影響を受けている可能性があると考えられた。

　この研究を行っていたときに，トラップ試料中に北太平洋にしかいないはずの *Neocalanus cristatus* を見つけた（Matsuno et al., 2014 b）。通常のネット観測の場合，ベーリング海峡付近かバロー渓谷でしか採集されない種である。海峡から直線距離にして 1000 km も離れたセジメントトラップに入っているとは到底考えられず，初めは採集作業時に誤って混入したのだろうと思った。しかし，同地点での複数のトラップ試料にも見られ，またトラップの係留点付近で行ったネット採集によっても太平洋産種が採集されていたことを加味すると，どうやらノースウィンド海嶺周辺まで流されてきている可能性が高いと考えるようになった。

4.6　太平洋産カイアシ類の定着の可能性

　太平洋に分布するカイアシ類が北極海に輸送されていることは，実は 1930 年代には観測されており，輸送された個体は死滅回遊群（移動した先で次世代を残せない，あるいは定着できない生物群）と考えられてきた（Nelson et al., 2014）。しかしながら，4.3 節で述べたように，太平洋産種カイアシ類が継続的に北極海内へ輸送され，その個体数が近年，増加傾向であることもわかってきた（Matsuno et al., 2011）。Ershova et al.（2015）も，1945 年から 2012 年のチャクチ海における太平洋産カイアシ類の個体数は，年変動や季節変動は大きいものの，増加傾向であることを示している。また，セジメントトラップ試料の解析により，この太平洋産種は一年を通して北極海に輸送されていることも明らかになった（Matsuno et al., 2014 b）。

　動物プランクトン群集は，北極海と北太平洋で出現種が異なるため（図 4.7
参照），もし今後，海氷の衰退が進み，輸送される太平洋産種がさらに増えれ
ば，北極海に太平洋産種が定着し，生態系の改変をもたらす可能性がある。こ
の定着の可能性を評価するためには，生きた太平洋産種を北極海内で採集し，
船上で飼育し，卵を産ませる実験（産卵実験）を行う必要がある。

❖ 産卵実験

　そこで私は，2013 年 9 月の JAMSTEC「みらい」航海において，北極海で採
集された太平洋産カイアシ類 *Neocalanus flemingeri* の成熟した雌成体を船上
で飼育し，産卵速度と卵孵化率を観察した（Matsuno et al., 2015 b）。

　Neocalanus flemingeri は水中に放出する産卵（free spawning）を行う。一度
に 400〜500 個程度の卵を産み，生涯に 4 回ほど産卵する。船上での実験の結
果，北極海で採集した 19 個体の雌成体のすべてが産卵を行い，そのうち約半
数（9 個体）は 4 回以上の産卵を行った。1 回の平均産卵数（382 ± 82 個）（図

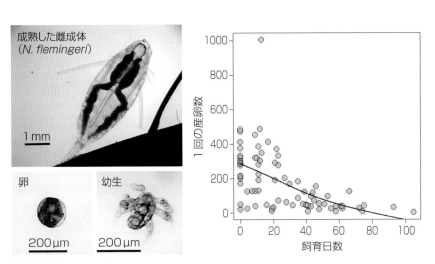

図4.15　北極海内で採集した太平洋産カイアシ類 *Neocalanus flemingeri* の写真と産
卵数の時間変化。写真はすべて，船上で生きた状態で撮影している。グラフは，北極海内
で採集した19個体の産卵結果をすべてプロットしている。この種は一度に400〜500個
程度の卵を産み，生涯に4回ほど産卵する。実線はロジスティック回帰の結果を示す。産卵
回数を重ねるごとに産卵数が減少していくことがわかる。（Matsuno et al., 2015bより）

4.15），産卵間隔（11.9 ± 3.7 日），卵の孵化時間（0°C で 5.1 ± 1.2 日）などは，北太平洋で報告されている値と合っていた（Saito and Tsuda, 2000）。

　唯一異なっていたのは，卵の孵化率が 7.5 % と極めて低かった（太平洋では 93 % と報告されている）ことである。北極海における低い孵化率は，未受精卵の割合が高かったことによるのだろう。これは，元来の生息域である北太平洋では水深 1000 m 前後の深海で成熟，受精および産卵するが，チャクチ海のように浅い（水深 50 m 前後）環境に輸送されたため，正常な受精を行えなかったことを示唆している（図 4.16）。同じ試料中に雄成体が 1 個体も出現しなかったことも，この仮説を支持している。

　結論として，海氷の衰退により北極海へ輸送される太平洋産カイアシ類は増えているが（Matsuno et al., 2011; Ershova et al., 2015），雌成体の出現個体数が少ないこと

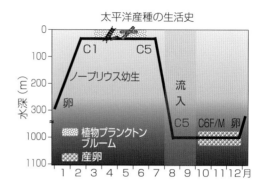

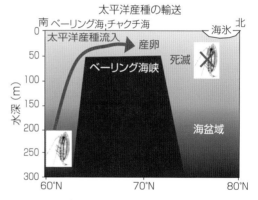

図4.16　太平洋産カイアシ類の生活史と，北極海に輸送された太平洋産種の運命。太平洋産種が北極海に多く輸送される時期（8〜9月）は，本来の分布域である北太平洋では休眠を開始する時期にあたる。その期間に水深50mの浅い陸棚域に輸送され，水中での密度も薄くなり，うまく受精できないと考えられる。そのため，北極海内で太平洋産種の一部は産卵を行うが，低い孵化率と少ない個体数により，最終的には死滅してしまう。

と，卵孵化率が低いことから判断して，現時点で太平洋産種が北極海に定着することは困難であると考えられる（Matsuno et al., 2015 b）。

❖ 摂餌の影響を調べる

　次に私は，輸送された太平洋産カイアシ類は，北極海内で生き残ることはできないだろうが，生きている間は餌を食べているかもしれず，それによって他の生物に影響を与えているのでは，と考えた。この疑問に対する答えを得るために，カイアシ類の摂餌に関する実験を行った。

　船上で，採集したカイアシ類を現場の海水中に入れ，1日飼育し，飼育前後の海水を採取して海水中のマイクロプランクトン（植物プランクトンと原生動物プランクトン）の組成と数を調べることにより，カイアシ類によって摂餌された量（つまり摂餌速度）を見積もることができる。2012年9月に実施された「みらい」北極航海に参加し，同所的に採集した北極海産カイアシ類と太平洋産カイアシ類の摂餌速度を比較した。この実験の重要な点は，同じ餌（同じ

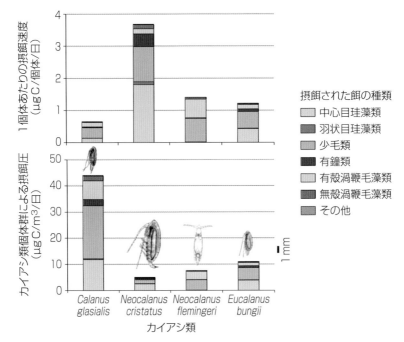

図4.17　北極海内での北極海産カイアシ類と太平洋産カイアシ類の摂餌速度の比較。摂餌する餌の種類ごとに色を変えている。カイアシ類の写真はスケールをそろえて示している。太平洋産カイアシ類は大型なので，1個体での摂餌速度は高いが，個体数が少ないため，個体群全体による摂餌は北極海産種よりもかなり低くなる。（Matsuno et al., 2019より）

場所で採水した海水）を使って，同じ場所で採集された北極海産種と太平洋産種を調べているところである。これにより，実際に北極海で起こっているであろう現象を捉えることができる。

　実験の結果，1 個体あたりの摂餌速度（1 日に 1 個体が摂餌する炭素の量）では，大型の太平洋産種のほうが高い値を示した（Matsuno et al., 2019）。しかし，1 種の個体群としての摂餌圧（ある種が 1 日に 1 m^3 あたりに存在するすべての個体で摂餌する総量）を計算すると，北極海産種である *C. glacialis* の結果と比べて，太平洋産種はその 11〜25％ と大幅に低かった。これは，太平洋産種の個体数が平均で 5 個体/m^3 であるのに対し，北極海産種はおよそ 10 倍の 46 個体/m^3 と多いためである。

　また，太平洋産種を採集できた海域は，チャクチ海と前述のセジメントトラップを設置した海域（図 4.12 参照）に限られており，カナダ海盆域では見られなかった。

　結論として，太平洋産種の北極海内への輸送量は増えているが，摂餌による影響は小さい上に，海域としても限定的と考えられた。

北極海で太平洋産種の研究をすることのたいへんさ

　ここまでの話で，プランクトンを研究するには，目的を達成するための十分な試料が必要だということはわかっていただけたと思う。私が取り組んできた，「北極海で本来いないはずの種を調べる」ことの最大の壁は，「活きの良い太平洋産種を実験に足りるだけ採集すること」である。太平洋産種が増えていると言っても，簡単には十分な量を採れないのが実情である。

　たとえば，2013 年 9 月の JAMSTEC「みらい」北極航海で産卵実験を行った際は，幸運なことに，10 日間の定点観測を行った地点の水塊（つまり，「みらい」の下の海水中）に太平洋産種がいた。NORPAC ネットで採集できるプランクトンは 1 回あたり数百個体になるが，そのなかに含まれていた太平洋産種は多くても 2〜3 個体であり，0 ということも少なくなかった。産卵実験に使用した 19 個体を得るために，10 日間で合計 32 回，リングネット（口径 60 cm）の鉛直曳きを行う必要があった。プランクトンネットが濾した海水の総量は 640 m^3 にも及ぶ。一般的な家庭のお風呂を 200 L とすると，3200 回

分に相当する。船上で，採集した試料をすべて満遍なく確認できてはいないと思うが，その莫大な海水のなかから，19個体を活きの良い状態で集めることのたいへんさは，想像するに難くないと思う。

　ただこれには1つマジックがある。それは，集める人間（この場合は私）の目が養われていく点である。ずっと試料を眺めていると，様子（泳ぎかた，色味，大きさなど）の異なる個体を見つけられるようになる。いまでは肉眼で見分けることもできる。きっと，これまでのプランクトン研究者の先輩方も感じられていたことだろう。いずれにしても，このような地味な作業の上に研究が成り立っていることは間違いない。

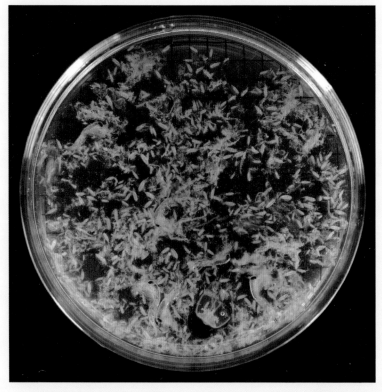

北極海で採集した試料。全量の1/10程度をシャーレに移し，撮影している。画像中の白っぽい米粒のようなものがカイアシ類。大きさも種類もさまざまなものが一度に採集される。

4.7　北極海でわかってきたこと，危惧されること

　これまで私が北極海で行ってきた研究で明らかになったことをまとめてみよう（図4.18）。4.1節で記述したとおり，陸棚域と海盆域では観測された変化が異なっていた。

　陸棚域では，太平洋産種の流入の増加により，動物プランクトン群集構造が変化していた。流入した太平洋産種は，陸棚域で産卵は行うが，孵化率が低いために，定着は困難であると考えられた。また，太平洋産種による摂餌圧も，大きな影響を与えるものとは考えられなかった。その他に，強風イベントを引

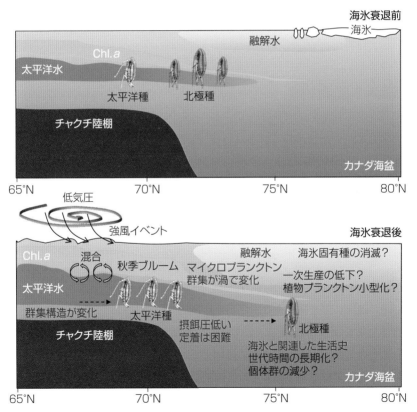

図4.18　北極海で起こっていることと，海氷衰退により危惧される変化。赤字は，私が研究で観測した事実を示す。黒字の疑問文は，今後考えられる変化（研究のタネ）を示す。

き金として秋季ブルームが発生し，それに呼応した変化が植物プランクトンや動物プランクトンの摂餌に見られた。

一方，海盆域では，マイクロプランクトン群集構造が，渦の影響により変化していることが示唆された。また，セジメントトラップによる観測で，動物プランクトン群集の季節変動，カイアシ類の個体群構造が海氷の季節的消長と密接に関連していることが明らかになった。

ここまでの情報を総合的に考えると，南方のプランクトン種の流入によって，低次海洋生態系のバランスが大きく崩れることは，現状では起こらないだろう。しかし，プランクトンだけではなく，ベントス群集の北方移動（Grebmeier et al., 2012），海鳥の北方移動（Gall et al., 2017），さらには赤潮を形成する有害有毒渦鞭毛藻類の分布拡大（Natsuike et al., 2017）など，さまざまな生物において変化が報告されているため，とくに陸棚域ではそれらの変化に注視する必要がある。

海盆域では，海氷融解水が表層で増加し，栄養塩躍層が深くなることにより，表層の栄養塩濃度が下がっている。それにより一次生産量が減少し，植物プランクトンが小型化している（Li et al., 2009）。多くの粒子食性動物プランクトンは，ある特定の大きさの餌しか摂餌することができない。そのため，一次生産量の低下と植物プランクトンの小型化は，動物プランクトンが摂餌できる餌の量が減少することを意味している。餌が足りないと，世代時間の長期化（たとえば，2年で親になれたものが，3年必要になる）や個体群の減少（再生産に回すエネルギーが減少し，生涯産卵数が減る）が予想されるが，詳細はまだわかっていない。

海氷の融解に端を発したさまざまな影響は，じわじわとプランクトンひいては海洋生態系全体に及んでいるのかもしれない。急速に変化している北極海で，私たち人類が理解していることはまだまだ少なく，今後どのように海洋生態系が変化していくか予測することは困難である。今後も注意深く北極海の観測を続けていかないと，気が付いたときにはまったく別の海になっているかもしれない。

第5章 タスマニアでの研究生活

5.1 留学の意義

　研究者になるために留学は必須かと問われれば，そんなことはないと思う。しかしメリットは多い。海洋学に関連する分野では，多くの研究者が海外での研究活動を経験している。

　1872〜1876 年の「チャレンジャー号」による調査航海から始まった海洋学は，歴史が長く，世界中の研究者が幅広い研究を行っている。海に面した国が自国の海洋を研究するだけではなく，私のように自国から遠く離れた極域や，はたまた深海を調査している研究者も多い。そしてなにより，海は広大で，流動的であるため，調査を行うことが難しい。当然，国際的な協力・連携が必要な場面が出てくる。実際に，協力し合ったほうがお互いにメリットがある。それは，すべての海はつながっており，巡り巡って関係し合っているからである。

❖ 相互理解

　研究者も人である。国際協力を行う際に，相手のことをどれだけ知っているか，面識があるかないか，話したことがあるかないかで，かなり物事の進めかたが変わってくる。まったく知らない人と初めて接する，あるいはメールを送るときは，相手に失礼がないか，誤解を与えていないかに，とても気を使う。学生のころはわかっていなかった。実際に海外の人と会い，話すことによって，お互いの考えかたが異なることを認識してきた。まずこの「相互理解」が，海外に留学する意味の 1 つと考える。

❖ 語学力の向上

　もう 1 つは，やはり語学力の向上である。極域の研究を進めるなかで，国際学会で発表を行ったり，論文を投稿してきたが，いつも英語には苦労した。国

際学会での口頭発表では，プレゼン自体は原稿を準備して暗記するので大丈夫だが，質疑応答がまったくできなかった。答えられずに悔しい思いをしたことが何度もある。

コミュニケーションを重ねていくと，意思の疎通には少しずつ慣れるが，言いたいことが本当に伝わっているのか，不安に思うこともあった。英語の読み書きは，子供のころから学んでいたので，どのように勉強するのが自分に合っているのかわかるが，聞くことと話すことは，やはり実践に勝るものはない。

私は日本学術振興会の海外特別研究員として，2016 年 4 月から 2017 年 9 月まで豪州タスマニアに滞在していた。勤務先は，オーストラリア南極局（Australian Antarctic Division：AAD）と，タスマニア大学の外郭機関である海洋南極学研究所（Institute for Marine and Antarctic Studies：IMAS）であった。ここからは，私が近年取り組んでいる研究に関連し，タスマニアでポスドクとして働いていたときのことを紹介する。これを読み，少しでも国際的な研究活動に興味を持ってもらえたらうれしい。

5.2　渡航の準備

ポスドクが海外で研究活動をするときは主に，滞在先の研究機関に雇われて働く場合と，私のように日本学術振興会の海外特別研究員（通称，海外学振）として滞在する場合の 2 つのパターンがある。この 2 つには，雇われ先の求める研究テーマに従事するか，自ら考えた研究テーマに取り組むかという大きな差がある。

❖ 海外学振の申請

私が海外学振に申請し，採択されるまでに何をしたか，順を追って紹介しよう。

まずは，研究テーマとその研究ができる機関を同時に考える。このとき，どのような研究がしたいかをできるだけ具体的に計画することが大切である。当然，そのためには情報を集めなければならない。論文を調べ，国際学会などに

できるだけ参加する。学会に参加した折には，将来的に共同研究を行いたい研究者と直接話し，できれば研究所への訪問も済ませておくとよい。国内・国外を問わず，研究環境を知っておくことはたいへん重要である（実例は後ほど）。

　私の場合，①北極海で進めてきた研究をベースにして，同じ海氷域である南極海の研究を始めたい，②海氷の変動とプランクトンとの関係が，両極間で異なっているのか知りたい，③その疑問を解決するための新しい技術も学びたい，と考えた。それらの目的を達成するために，研究課題として「Comparative study of sea-ice variability effect on plankton community in the Arctic and Antarctic Oceans」を考え，受け入れてもらえる研究者を探した。

　幸運なことに，研究室の OB である川口創博士が AAD で勤務されていたため，受け入れ研究者になっていただけた。さらに，研究に必要な試料は，川口博士の同僚 Kerrie Swadling 博士が準備してくださった。事前に研究の準備をしておいていただくことも重要なのである。

　海外学振の応募締め切りは派遣開始 1 年前の 4 月である。私は 2015 年 4 月に申請し，採択の結果を 8 月に受けた。

❖ 申請書が採択されたら

　申請書が採択された後の準備は多岐にわたる。少なくとも，海外での保険の契約，ビザの取得，銀行口座の開設，住む家の確保，航空券の購入が必要である。とくに，ビザの取得は多くの書類が必要な上に，審査に時間がかかるため，早めに漏れなく行うことが大切である。

　最も苦労するのは，住む家の確保である。日本からでも，オーストラリア内のサイトで，家のレンタルを申し込むことはできる。しかし，オーストラリアは家賃が 1 週間決めで，仮契約したとしても，その入居者よりも早く入居したいという別の希望者が現れると，そちらに貸してしまうことがある。なので，複数の物件候補を仮り押さえしておかないと，出国直前まで家が決まらないという事態に陥る。

　多くの場合，研究所は短期滞在者向けの宿泊施設を持っているので，最初はそこに住み，慣れてきたところで引っ越すという手もある。私の場合は，川口

博士が賃貸可能な空き家を持っておられる方を研究所内で見つけてくださったため，多くの手間を省くことができた（家の詳細については後ほど）。

　語学の準備に関しては，TOEIC の受験勉強（学振申請時に TOEIC の点数の提出を求められていた）と，耳を慣らすために NHK のニュースなどを副音声（英語）で聞いていた。ちなみに，タスマニアで知り合ったカナダの友人からは，英語学習アプリの Duolingo がいいと教えてもらった。

5.3　海外の研究生活で感じたこと

　タスマニアに滞在している間，研究活動のほとんどは IMAS で行っていた（図 5.1）。これは，私が取り組む研究テーマに使用する試料が IMAS にあり，かつ同じ専門分野の Kerrie Swadling 博士がおられたためである。多くの時間を，Kerrie や他の研究者，その学生たちと過ごすなかで感じたことを以下に紹介する。

❖ チームワーク

　研究活動において，チームワークはとても重要である。研究者は 1 人 1 人が研究テーマを持っているが，関連し合うテーマでは助け合い，議論を深め，より良い課題やその

図5.1　IMASの外観（上）と，前の岸壁に停泊しているAADの砕氷船「オーロラ・オーストラリス」（下）。

答えをつくり上げていく。

　タスマニアを訪れた 2016 年は，K-Axis（Kerguelen Axis の略）プロジェクトとして，南極海ケルゲレン諸島周辺の海洋生物調査を行った年であった。プロジェクトは複数の専門チームで構成されており，Kerrie がプランクトンチームの取りまとめを行っていた。チームには，川口博士（オキアミ類が専門），Ruth Eriksen 博士（植物プランクトンが専門），Kerrie の学生（学生ごとに研究対象種が異なる），短期滞在していた東京海洋大学の学生が参加しており，そこに私が加わった。

　チーム内で各自の進捗状況，分析で出てきた結果の共有，そして学会での発表練習を行う機会が何度かあったが，誰もが（とくに研究者の方々が）ポジティブなコメントをしていた。学生の研究の進捗が芳しくないようなときでさえも，必ず初めにほめる。「ここまでできたことは，たいへんな努力の結果だと思う。素晴らしい。次はこれをしたらもっと良くなるだろう」などと，私では思いつかないようなほめかたをする。学生をみんなで育てようという心が伝わってくるようで，上手な教育方法だと感心した。

❖ コミュニケーション

　教員と学生であっても，フラットな関係で話すことを大切にする。生粋の日本人である私は，ファーストネームで呼び合うことに最初は少々戸惑ったが，慣れてしまえばまったく気にならなくなった。むしろ，ファミリーネームで呼ぶことに抵抗を感じるようになった。

　オーストラリアの人が，話すことをどんなに大切にしているかを示す例を挙げると，BBQ（オーストラリアではバービーと言う）のとき，日本人なら食べることや飲むことを優先しがちだが，オーストラリアの人は話すことが一番で，飲食は二の次である。食材はいちおう準備するが，結局，最後は欲しい人が持ち帰るのが常である。

　この姿勢は研究を進める上でも重視されており，各自が進める研究の進捗，技術（統計処理のプログラミングコードなど），知識（論文などの文献）をクラウドで共有し，互いにサポートし合う。そして，問題が発生したときは速やか

に集まり（対面に限らず，オンラインミーティングも頻繁に行う），相談して解決策を見いだす。おそらく，いろいろなバックグラウンドの研究者や学生がいるので（留学生も多い），お互いに自分の考えをはっきり，ていねいに伝え合うことが大切だ

図5.2　IMASで開催されたクリスマス会。職員の家族も大勢参加する。

と，誰もが知っているからだろう。そんなコミュニケーションの頻繁さと多様さが新鮮で，とても興味深かった。

　研究所でのイベントも多く，クリスマスや学生主催の交流会などが年に数回開催され，無料で食事や飲み物が提供される（図5.2）。学生や教員だけでなく，その家族も大勢参加するため，たいへんな賑わいとなる。アットホームで，豊かな環境であった。

❖ **オープンなシステム**

　組織が変わると，仕事のシステムが変わる。それまで北海道大学と国立極地研究所しか知らなかった私にとって，IMASのシステムは予想していないことだらけであった。

　たとえば，学部4年生用の机はホットデスクと呼ばれ，場所が決まっていない。朝来たら，空いている席に座り，作業をし，夕方帰るときにはすべてきれいに片付ける。隣に座る顔が毎日変わるので，分野に関係なくいろいろな人と知り合える。ただし，卒論をまとめる時期になると，朝早くから場所取りが発生していた。ポスドクである私には決まった机が与えられたが，稀に知らない人が座っていたこともあった……。

　あと，驚いたのは，実験室がすべてオープンラボであること。オープンラボとは，教員ごとに実験室が区切られておらず，IMAS全体で実験室（ウェット

ラボやドライラボなど）を共有するシステムのことである。3 つのフロアそれ
ぞれと全体を統括する計 4 名のラボマネージャーが配置されていた。実験室
を使用したいときは，まずラボマネージャーに相談して，使用してよい場所や
物品を確認しなければならない。ただ，実際は学生が勝手に物を移動させたり
して，ちょっとした騒動になっているのを見かけた。日本の大学との違いを
IMAS で働く研究者と話すと，オープンであることが求められているので仕方
ないが，弊害も多いと感じているようだった。

　このオープンラボのシステムには，私も悩まされた。最も困ったのは，ラボ
に入るための許可がなかなか得られないことである。IMAS では，すべてのド
アに電子錠がかかっており，認証されているセキュリティカードでタッチする
と開錠する。カードは職員証や学生証とリンクしているため，誰がいつどのド
アを開けたかがわかるようになっている。セキュリティ認証を得るためには，
ラボマネージャーからラボの使用について説明を受け，オンラインでの試験に
合格しなければならない。その合格証をタスマニア大学に提出して，認証して
もらえれば，ようやく完了となる。私の場合，滞在開始からできるだけ早く手
続きを進めたが，ラボに入れたのは 1 か月後であった。

　このように，文化やシステムの違いを感じながら，まったく違う研究の進め
かたを学ぶことができた。「郷に入れば郷に従え」ではないが，順応するのも
なかなか面白いものである。いろいろな人がいるということも再認識されられ
た。ただし，誰もが親切で，明るく，たいへん良い環境であると感じたことは
間違いない。研究者同士の付き合いも，家族ぐるみの温かいものであった。

駐車場問題

　オーストラリアでは，道路脇に車を停めていいところがある。場所によって，
有料と無料の場合があるが，いずれも時間制限付きとなっている。そして，そ
の区分と制限が非常に細かい。同じ区画内であっても，ここからここまでは 1
時間無料だが，その先は有料，などと決まっており，うっかり見落とすとたいへ
んなことになる。
　私が勤務していたIMASには，専用の駐車場がない。では，どうしているの

かというと，職員のほとんど全員が路上駐車あるいは近くのマーケットの有料駐車場に停める。IMASはホバートの中心的観光地であるサラマンカマーケットのほぼ向かいにある。そのため，ほとんどの区画が有料か，無料でも長くて２時間と制限されている。制限時間を超えて駐車を続けると，罰金が科される。職員の多くは，１日の間に何度も，車を他の場所に移動させることを強いられている。「car movingに行ってくる」と言って，いなくなるのが日常である。

　私もIMASで働き始めたころはcar movingを行っていたが，土地勘のない身としては，長時間停められるいいポイントがどこにあるかもわからず，ウロウロして時間を浪費することもあった。何て不便なんだ！と文句を言いたくなった。だが，しばらくして，歩いて20分のバッテリーポイントに，１日中無料で路駐できる場所があることをタスマニア大学の学生から教えてもらい，この問題は解決した。

| 左の路肩の標識 | 右の路肩の標識 |

IMASの傍の道路の風景と，駐車に関する道路標識の例。左の路肩には３時間停められるが，右側は１時間となっている。設定時間以上停めていると，罰金を取られる。時間の設定や区画が細かく決まっているので，注意が必要である。

5.4　日常生活で感じた文化の違いと人間性

　タスマニアの面積は北海道の 8 割程度で，およそ 52 万人が生活している。最大都市であるホバートの人口でも 20 万であるから，私がいま勤めている北海道大学水産学部がある函館市の 26 万弱よりも少ない。

　ホバート以外にも小さな町が散在しており，幹線道路はよく整備されている。郊外に出れば，一般道路でも制限速度は 80 km や 100 km（街中は 40～50 km）。車さえあれば，不便を感じることなく生活できる。そして何より，広大な自然が残されており，オーストラリアの人々はそれを大切にしている（図5.3）。

❖ ゆっくり，のんびり，オージータイム

　タスマニアでの生活を始めて，まず感じたのは，何をするにもゆっくり，のんびりしているということである。著者が借りた家は，IMAS のあるホバート

図5.3　ホバート近郊マウント・ウェリントンの頂上から見下ろすホバートの町並み。手前の岩石群は，タスマニア全土で多く見られる玄武岩柱状節理。

から車で45分ほどのニコールズ・リビュレットにあった。周りは森で，敷地内には小川が流れ，そこにカモノハシも住んでいるという，素晴らしい環境である（図5.4）（出会った動物たちに関しては次節で）。

　生活に必要なものは一通り準備していただいたのだが，インターネット回線だけはつながっていなかった。その開通のための手続きが，タスマニアで受けた最初の洗礼であったと思う。ホバートについた翌日に，プリペイド式の携帯電話を購入することはできた。しかし，家が電波の圏外である上に，ネットでの受付がうまくいかず，勇気を出して掛けた電話も徒労に終わった。結局，その翌週にAADのあるキングストンの店舗へ行き，いろいろ説明をして，なんとかアカウントの設定とインターネットの申し込みができた。2時間かかった。

　申し込みから1週間後，電話会社の人が家へ来て，モデムの設定を行うがつ

図5.4　タスマニアで借りていた一軒家。2016年4月に撮影。4月は南半球の秋にあたるので，紅葉している。家の周りはユーカリの森で，多くの野生動物の住み処となっている。

ながらない。予想していたとはいえ，がっかり。その 3 日後，新しいモデムが届き，設定を行うがやはりつながらない。結局，さらに 5 日後，ようやくインターネットにつながった。申し込みから数えて 15 日目であった。

　日本でのサービス開始までの早さに慣れている身としては，なかなかにじれったい日々であった。だが，後日この話をタスマニアで知り合った友人にすると，2 週間はまだ早いほうだそうである。これがオージータイムかと，身に染みた 1 件であった。

❖ フレンドリーな付き合い

　オーストラリアの人は，誰とでもフレンドリーに接する。街を歩いていると，よく話しかけられた。こちらが「どちらさまですか？」なんて聞く隙も与えてくれない。「How's going?」「Good! You?」「Not too bad」のようなやり取りを，すれ違いながら歩みを止めずに瞬時に行うこともしばしばあった。軽快なコミュニケーションである。最初はどぎまぎしたものだが，慣れると楽しい。少しずつ話せるようになり，知り合いが増え，コミュニティが広がっていくのを感じていた。

　滞在開始から半年を過ぎたころ，妻もタスマニアに来て 2 人での生活が始まった。その頃になると，IMAS 内での知り合いも増えていた。仲良くなれば，お互いの家で，手料理でもてなすというのが定番らしい。私も家に人を呼ぶのは好きなので，車で来てもらって，和食（と呼べるようなものはなかなか材料がなくてつくれないが）を振る舞ったりした。他にも研究グループでBBQ をしたり，Kerrie が主催した 2 泊 3 日の研修旅行に行ったり。次に，その旅行での思い出とともに，私が感じた人間性や文化について紹介する。

❖ マライア島への研修旅行

　2017 年 5 月中旬，Kerrie，Ruth，Kerrie の学生たちなど総勢 19 名でマライア島に向かった。マライア島は，ホバートから車で 1 時間半のトリアバンナからフェリーで行くことができる。島全体が国立公園であり，入るためにはパスを購入する。この島は，自然のままのタスマニアを感じて，楽しむ場所である。

図5.5 マライア島のヒメウォンバット (Common Wombat) の親子。
自然が多く残るタスマニアでも限られた場所でしか見ることができない。

人の手がほとんど入っていないため（厳重に管理されている），動物たちの警戒心が薄い。着いて一番に驚いたのは，ウォンバットが宿泊施設の周りでのんびりとボタングラスを食んでいることであった（図5.5）。

　この島は，外国人が観光客として訪れるには少しハードルが高い。それは，キャンプに行くのと同じ準備が必要なためである。電気は共通食堂にしか通っておらず，それ以外ではランタン，ラテルネ，懐中電灯などで灯をとる。一応，トイレに併設する形で，コイン式のシャワーはある。

　滞在を始めて，感心させられることがたくさんあった。まず，参加している学生やポスドクの誰もが自分から進んで作業をし，しかも楽しみながら行う。薪割り，寝具の準備，調理など，やることは多い。もちろん，慣れているからかもしれないが，それを普通にできるのは良いことである。ヴィーガンやベジタリアンがいるので，食べ物には気を使うのだが，各自が食べたいものを自由に食べられるように工夫していた。

図5.6　マライア島にて。希望者で近くの山（ビショップ・アンド・クラーク）に登山し，頂上から戻る際の一枚。中央あたりのオレンジのヤッケが私。

　食事のとき，自分の名前に込められている意味や由来，そして家系について話した。フランスからの短期留学生もいたので，それぞれの国や文化の違いについての話題で盛り上がった。そのとき，自分の名前の由来や家族構成は説明できても，家系については何もわからず，自身のことをあまり知らないことに気がついた。日本の文化についても，うまく説明できなかった。日本から一歩外に出れば自分も外国人である。自国のことを話せると，興味を持ってもらえる上に，さらに仲良くなれると感じた出来事であった。

　翌日の午前中，希望者で近くの山（ビショップ・アンド・クラーク）まで出かけた（図5.6）。宿泊棟から往復3時間程度のちょうどよいハイキングコースになっており，道すがらカンガルーをはじめとする多くの野生動物を見ることが

できる。午後からは，博士課程の学生による学会発表練習と，モデル勉強会を行った。2泊3日の旅はあっという間に終わり，私たちはホバートへ戻った。

嵐で停電

　日本国内で暮らしていると，そうそう停電を経験することはない。しかし，タスマニアでは嵐によって停電が発生することがよくある。その多くは，強風で木が倒れ，それにより電線が外れてしまうためらしい。私が住んでいた家は森のなかにあったため，何度か停電に見舞われた。

　滞在を始めて1か月ほど過ぎたある日の夕方，数回の点滅の後，停電になった。外はひどい嵐であった。ちょうど電気コンロでご飯を炊き終わったところだったので，夕飯は何とかなった。というのも，借りていた家はオール電化で，電気が使えないと調理できない。暖をとるための薪ストーブはあるが，調理用ではなく，温める程度しかできないのである。窓から外をうかがうと，うっすらと見える隣の家に，なんと灯が付いている。タスマニアの田舎の家々は，立派なソーラーパネルと蓄電池を完備し，さらに雨水の貯水タンクまで持っていることが多いのだ。このときほど，うらやましいと思ったことはなかった。

5.5　タスマニアの動物，食，観光

❖ 愛くるしい動物たち

　借りていた一軒家は森のなかにあったため，多くの訪問者があった。朝，小鳥（トゲハシムシクイ科の一種）が窓をコンコンとつつく音で目覚めることから始まる（動画5.1）。昼間の庭では，サンショクヒタキやルリオーストラリアムシクイが地面をつついたり，飛び回ったりしている。あるときは，キイロオクロオウムの大群が押し寄せて，家の周りでギャーギャー鳴いたり，アカハラワカバインコが水を飲みに来たりした。夕方になると，ワライカワセミが遠くでワーカッカッカッカッカッカッカ!!と鳴き喚いている。最初に聞いたときは，得体の知れない生き物がいるのではと恐怖を覚えた。

動画5.1　窓をつつくトゲハシムシクイ科の一種

www.kaibundo.jp/hokusui/
plankton_51.mp4
（16.2MB）

　夕方と明け方は有袋類たちの活動が活発になる。夕方に家の周りを懐中電灯で探索するだけで，パディメロン（図 5.7），ブラッシュテイルポッサム，クヲール，ベトングなどを見かけた。何より，敷地内の小川にカモノハシが生息しているのが珍しい（動画 5.2）。タスマニアでも，国立公園やよほどの田舎へ行かないと見られないようである。田舎ならではのハプニングも多々あったが，愛くるしい動物が多く，良い思い出である。

図5.7　タスマニアにいる有袋類で最もよく見かけるパディメロン。ワラビーの一種で，タスマニア島の固有種。体長は最大で60cm。

動画5.2
庭の小川に
生息している
カモノハシ。
夜間に巣穴
から出てくる
ため，撮影に
苦労した。

www.kaibundo.jp/hokusui/
plankton_52.mp4
（12.9MB）

❖ 北海道に近い食文化

　タスマニアの食文化は北海道に近い。寒冷な気候を生かし，農業，酪農，養殖業（アトランティックサーモンや牡蠣）が盛んである（図5.8）。とくに，肉牛はタスマニアビーフとして日本でもお馴染みである。

図5.8　タスマニアの食。左上はブルーニー島で食べた生牡蠣。地域ごとに牡蠣を養殖し，地元のワインと合わせて提供している。右はリンゴの量り売りの様子。1kgで2豪ドルと安い。小ぶりで軽食にちょうどいい。左下はホバート近郊のカスケードビールブルワリーにて。いろいろな地ビールとフライを楽しむ。

　生活してまず驚いたのが肉の値段で，単位重量あたりで比較すると，牛 < ラム < 豚 ≒ 鶏 なのである。しかも日本では見たこともないほど肉が分厚い。ステーキは 2 cm 以上が普通である。逆に薄切りはまったくない。スーパーでは大容量の物しか売っていないが，上手くやりくりすればなんとかなる。おすすめは，郊外の小さな店や精肉店である。「BBQ するなら，どこどこの町のブッチャー（肉屋の意味）のソーセージが一番！」などと，みんな美味しいものを知っている。

　あと，うれしいことに，スーパーでも小売店でも，量り売りが多い。果物，野菜，肉，魚，なんでも重さで値段が決まる。リンゴは，日本と違って小ぶりだが，おやつ感覚で食べられるので，研究所でもかじっている姿をよく見かけた（図 5.8）。

　地ビールの生産も盛んで，ボトルショップ（酒屋の意味）へ行くたびに異なる種類を試していたが，結局，滞在期間中にすべてを制覇することはできなかった。タスマニアだけで 40 近いブルワリーがあり，その数は年々増えている。さらに，ワイナリーの数はブルワリーの比ではなく，温暖化の影響でブドウの産地が南下していることもあり，世界的にも注目度が増している。

❖ 週末の観光

　タスマニア滞在中は研究だけでなく，週末に遠出して観光することもあった（図 5.9）。ブルーニー島へ渡って車で 1 周したり，クレイドル山へハイキングに行ったり，「魔女の宅急便」のモチーフになったパン屋を訪れたり，オーストラリアオットセイやフェアリーペンギンを見るツアーに参加したり。

　実際に住んで，観光もすることによって，素晴らしい自然や人と出会うだけでなく，その土地が抱えている問題も知ることができた。いろいろな意味で豊かな時間を過ごさせてもらったと感謝している。

図5.9　観光で訪れたブルーニー島のザ・ネック（上）と
クレイドル山国立公園にあるセントクレア湖（下）

5.6　南極海での調査航海へ

　最後に，タスマニア滞在中に参加した南極航海について。当初は，AADの所有する「オーロラ・オーストラリス」（図 5.1 参照）の航海に参加する予定であった。しかし 2016 年 2 月末，豪州モーソン基地のあるホースシュー・ハーバーに停泊中，風速 36 m の猛烈なブリザードに見舞われ，座礁してしまった（この後の「しらせ」による輸送支援は日本でも大きく取り上げられた）。その際に船体の一部が損傷したため，翌年の 2017 年の調査は中止となった。

　研究試料自体は事前に確保できていたので，計画を一部変更して研究を進めることはできる。しかし，やはり現場に行って調査しないと見えないものがあることを知っていたため，たいへん残念であった。そんな私の希望と気持ちを察してか，Kerrie が進めていた東京海洋大学の「海鷹丸」での共同研究に乗船しないかと誘ってくれた。もちろん，二つ返事で「乗りたい」と答えた。いよいよ，南極海での研究が本格的に始まった。

ハチ

　ある晴れた穏やかな春の午後，それは突然やってきた。最初は，部屋のなかを大きなハエが飛んでいるなと思っていた。しかし，しばらくするとそれが 2 匹になり，3 匹になり，日の当たる窓の辺りでブンブン飛んでいる。よく見ると，ミツバチである。窓は閉まっているし，どこからこんなに来たのかと，出所をたどると，天井の隙間からもぞもぞ入ってきているのを見つけてしまった。そうこうしているうちに，すでに数十匹になっているではないか。殺虫剤を吹き付けるが，きりがない。効き目はあるようだし，日が落ちれば活動も鈍るだろうと考え，2 階へ退避して夕方になるのを待った。夕方，1 階に降りると窓の近くに山のような死骸と，動きが鈍くなったハチが……。翌日，隙間を埋め，事なきを得た。この出来事の真相は，春にハチが新しい巣に移動するためであったらしい（日本語で分蜂という）。人に危害を加えることはないので，できれば放してほしかったと業者の人に言われた。無知な自分を恥じた一件であった。

オーストラリア最南端の寿司屋

　タスマニアに滞在している間，和食が恋しくなり，自分でつくれるものは何でもつくった。アジア食品店などに行けば，大体の食材はそろった。だが，寿司だけはどうにもならなかった。それは，残念ながらスーパーで手に入る魚は，基本的に一度冷凍されたものを解凍して売っているためである。冷凍されていない新鮮なものは，牡蠣ぐらいしかない。

　どうしても寿司を食べたくなり，ネットで検索し，家から車で1時間のジーベストンという街に評判の良い寿司屋があることを知る。それがMasaaki's Sushiである。海外の多くの寿司屋は，日本人が経営していないことが多いためか，メニューは日本では見かけないロールものがメインになっている。しかし，Masaaki's Sushiは日本人の店主が腕を振るっており，新鮮な魚も独自のルートで入手されているようであった。日本からこんなに離れた地で，こんなに美味しい寿司を食べられるとは想像もしていなかった。

オーストラリア最南端の寿司屋であるMasaaki's Sushiにて。マグロは
友人の漁師が近海で釣ったものを分けてもらっているそうだ。

第6章 南極海の研究を始めて

6.1 「海鷹丸」南極航海

　2017 年 1 月,「海鷹丸」の南極航海に, オーストラリアチームの一員として参加させてもらった。メンバーは, 植物プランクトンが専門の Ruth Eriksen 博士とタスマニア大学の博士課程学生で有殻翼足類が専門の Christine Weldrick と私の 3 人だった。

　オーストラリアのパースから乗船し, 南極海の 110°E 線上を調査しながら南下した。氷縁域での観測や係留系の設置・回収を終えた後, タスマニアのホバートに帰港した (図 6.1)。約 1 か月間の航海であったが, 初めての南極海と

図6.1　東京海洋大学「海鷹丸」の南極航海を終えて, チームオーストラリアで記念撮影 (撮影：株式会社マリン・ワーク・ジャパン 松本慧太郎)

久しぶりの和食で，たいへん有意義な時間を過ごさせてもらった。この航海への参加を契機に，日本国内で南極海を研究している方々との共同研究が始まった。

　以下では，私がこれまでに南極海で進めてきた研究でわかってきたことを紹介する。

6.2　動物プランクトン群集とカイアシ類の南北変化

　南極大陸の周囲には，南極海の強風によって形成される時計回りの南極周極流（Antarctic Circumpolar Current：ACC）が存在する。東南極海のインド洋区（図 6.2）における物理環境としては，この ACC の他にも複数のフロントが存在していることが特徴である（Moore et al., 1999; Sokolov and Rintoul, 2002）。フロントとは，異なる性質の水塊の境界を意味する。60°S 以南では，北から southern branch of the Polar Front（PF-S），northern branch of the Southern Antarctic Circumpolar Current front（SACC-N），Southern Boundary（SB），Antarctic Slope Front（ASF）の 4 つのフロントが存在している（Aoki et al., 2006）。フロント周辺では，湧昇による一次生産の増加が観測されており（Laubscher et al., 1993; de Baar et al., 1995），プランクトンとも関連していると考えられる。

　南極海インド洋区において，動物プランクトン群集は海洋環境の変化に鋭敏に応答する（Chiba et al., 2001）。一般に，動物プランクトン群集は南北で大きく変化し，北部ではカイアシ類，南部ではナンキョクオキアミを中心とした生態系が構成されている（Hosie and Cochran, 1994; Hosie et al., 1997）。とくに，ナンキョクオキアミは水産資源として管理されているため，南極海での動物プランクトン研究は，多くがナンキョクオキアミを対象としており，その他のマクロ動物プランクトンについては知見が乏しい。また，カイアシ類などのメソサイズの動物プランクトンに関する研究もあるが，個体群構造まで扱っているものは不足している。そのため，マクロ動物プランクトン群集とカイアシ類の発育段階組成の緯度変化を調べて，フロント構造や環境要因との関係を明らか

にすることを目的として研究を進めた。

❖ 南北で変化するプランクトン

　2018 年 1 月に実施された「海鷹丸」南極航海で ORI（Ocean Research Institute）ネット（口径 1.6 m，目合い 500 µm）によって採集されたマクロ動物プランクトン試料を用いて，動物プランクトン群集と優占カイアシ類の個体群構造の南北変化について調査した（図 6.2）。その結果，動物プランクトン群集は，主にフロントによって区分されていることがわかった（図 6.3）。個体数とバイオマスいずれにおいても，カイアシ類が優占していた。とくに *Calanoides acutus* の割合が大きく，マクロ動物プランクトンであるヤムシ類，オキアミ類，端脚類の割合は小さかった。

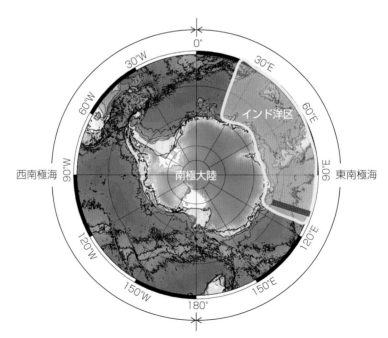

図 6.2　南極海の地図。赤線は，東京海洋大学の「海鷹丸」による南極航海での観測ラインを示す。

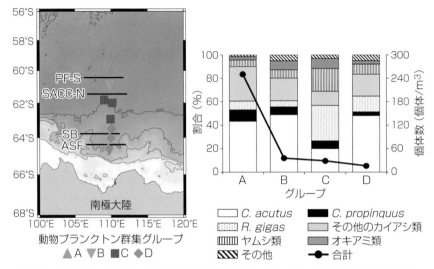

図6.3 2018年1月の110°E線上における，動物プランクトン群集の南北変化（左）。クラスター解析により分かれた4グループは，フロントによって区切られた。右は各グループの動物プランクトン個体数と組成。PF-S：southern branch of the Polar Front, SACC-N：northern branch of the Southern Antarctic Circumpolar Current front, SB：Southern Boundary, ASF：Antarctic Slope Front（Sugioka et al., in preparationより）

　優占したカイアシ類3種の平均発育段階と，衛星データから求めた海氷融解から観測日までの経過日数を比較したところ，いずれの種も有意な負の関係を示した（図6.4）。平均発育段階とは，コペポダイト1期から6期を，それぞれ数字の1から6としたときに，同一個体群内での平均をとった値である。1に近いほど若い個体が多く，6に近いほど成長した個体が多いことを意味する。この平均発育段階と海氷融解日からの日数が負の関係ということは，海氷が融けてすぐは親個体が多いが，海氷融解にともなう氷縁ブルームによりその親個体が再生産を行うため，時間の経過とともに若い個体が増えてくると解釈できる。この結果から，海氷融解とカイアシ類の生活史は密接に関連しており，今後，海氷変動が起こるとそれによりカイアシ類の生活史も変化する可能性が考えられる。

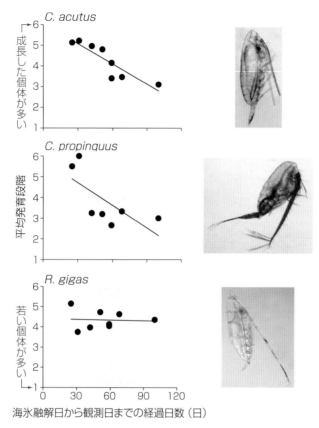

図6.4　南極海に優占する大型カイアシ類の平均発育段階と海氷融解との関係。いずれの種も有意な負の関係を示した。(Sugioka et al., in preparationより)

6.3　豪州の K-Axis プロジェクト

　前述の研究により，動物プランクトン群集がフロントで区分されることと，優占カイアシ類の個体群と海氷との関係性が明らかになった。しかし，実際の海洋において，動物プランクトン群集はより多くの環境要因から影響を受けている。たとえば，水温はプランクトンの代謝に関わるパラメーターであり，クロロフィル a 濃度は動物プランクトンの餌の指標と考えられる。環境要因による影響は複雑なため，南極海全体に応用できるような一般則を見つけ出すため

には，統計手法を駆使して解析することが必要である。この複雑な関係性を解き明かすことにより，動物プランクトンの変化を説明できる精度が大幅に向上する。言い換えれば，1つのパラメーターでは大雑把にしか予測できないが，複数のパラメーターを用いることで，より正確に変化を予測できるということである。次に私が取り組んだのは，タスマニア滞在中に習得した統計手法を用いて，より複雑な関係性を解析し，一般則を見いだすことであった。

❖ ケルゲレン諸島

南極海では，海面水温の上昇と，海氷域の変動幅の増大が観測されているが（Bracegirdle et al., 2008; Turner et al., 2014），その変動は南極海の海域ごとに異なる（Constable et al., 2014）。前述のとおり，南極海の動物プランクトン群集はフロント構造によって区分され（たとえば，図6.3やErrhif et al., 1997），気候変動にともなうフロント位置の変化により動物プランクトン群集も変化することが予測されている。

インド洋区を含む東南極海では，動物プランクトン群集に関する多くの知見がある。たとえば，スコティア海（Murphy et al., 2007），南極半島（Ducklow et al., 2006），ロス海（Smith et al., 2007）はよく調査されているが，ケルゲレン諸島周辺は未だに調査されていない。

ケルゲレン諸島周辺は，南極海インド洋区においてとくに一次生産が高い海域として知られる（図6.5）（Arrigo et al., 2008）。当該海域では，北部にはマジェランアイナメ（日本では銀ムツとして売っている），南部にはナンキョクオキアミを中心とした生態系が構築されている（Duhamel et al., 2014; Nicol, 2006）。水産業においても重要な海域であるにもかかわらず，これまで海洋生物に関する総合的な調査は行われておらず，動物プランクトン群集の分布や海洋環境との関係も不明であった。

上記のような研究背景の下，K-Axisプロジェクトは，ケルゲレン海台において，バクテリアから魚類や海鳥までの各栄養段階生物を調査し，魚類中心の生態系とオキアミ中心の生態系の分布とその形成過程を明らかにすることを目的として実施された（図6.5）。私は，このプロジェクトで採集された動物プラ

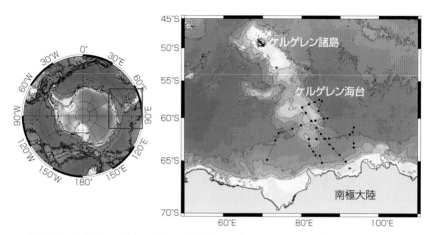

図6.5　ケルゲレン諸島の地図。地図中の黒丸はK-Axisプロジェクトでの観測点，点をつなぐ線は「オーロラ・オーストラリス」の航路を示す。

ンクトン試料を用いて，動物プランクトン群集と優占カイアシ類の個体群構造を規制する要因を解析した。

❖ **プランクトンと環境の関係は複雑**

　研究の結果，動物プランクトン群集は 6 つのグループに区分することができた（図 6.6）。グループの水平分布に注目すると，主に水塊とフロントによって区分されていた。組成としては，いずれのグループもカイアシ類が最優占しており，次いで有孔虫類が多かった（図 6.7）。個体数に注目すると，6 つのグループを大きく 2 つ（A〜C と D〜F）に分けることができた。この 2 つの違いは，前者が一次生産の高い海域，後者は低い海域に分布していることであった。また，別途行った解析で，昼間に比べて，夜間の個体数が多く，これは動物プランクトンの鉛直移動によるものと考えられた。これらの結果より，ケルゲレン海台周辺の動物プランクトン群集は，物理海洋的な水塊とフロントに加えて，動物プランクトンの鉛直移動および餌環境によって規制されていることがわかった（Matsuno et al., 2020a）。統計解析（一般化線形モデル）の結果，動物プランクトンの個体数は，温暖で，好餌環境で，水深の浅い海域において高いことがわかった（表 6.1）。分類群ごとに解析しても，おおよそ全体の傾向

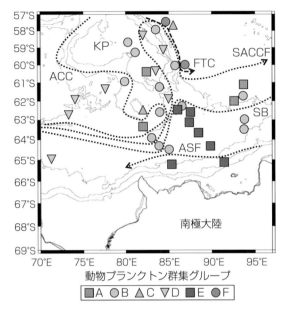

図6.6 K-Axisで採集された動物プランクトン群集のクラスター解析の結果。点線は主なフロントの位置を示す。ACC：Antarctic Circumpolar Current, ASF：Antarctic Slope Front, FTC：Fawn Trough Current, KP：ケルゲレン海台, SB：Southern Boundary, SACCF：Southern Antarctic Circumpolar Current Front (Matsuno et al., 2020aより)

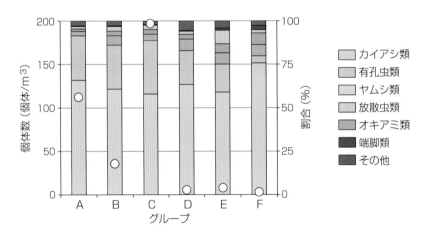

図6.7 クラスター解析によって区分された動物プランクトン群集の個体数（○印）と種組成。カイアシ類に次いで有孔虫類が多いのが南極海の特徴。(Matsuno et al., 2020aより)

表6.1　一般化線形モデルによって導き出された，南極海の動物プランクトン個体数と環境要因との一般則

モデル	特徴
全動物プランクトン個体数	温暖で，高クロロフィルで，浅いと個体数多い。 夜間にも多くなる。
分類群ごとの個体数	基本的に，全個体数と同じ特徴。 ヤムシ類は，低塩分だと少ない。 オキアミ類は，混合層深度が浅いと多くなる。
大型カイアシ類	基本的に，全個体数と同じ特徴。 *M. gerlachei* は，混合層以下の水温が低いと多い。 *C. acutus* と *M. lucens* は，海氷融解後の経過日数が短いと多い。
カイアシ類発育段階	種ごとに異なっている。

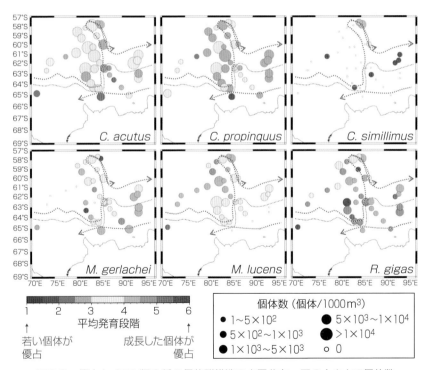

図6.8　優占カイアシ類6種の個体群構造の水平分布。円の大きさで個体数，色で平均発育段階を示している。(Matsuno et al., 2020aより)

と一致していたが，異なる傾向を示した分類群もいた。たとえば，肉食性のヤムシ類は，低塩分のときに少なかった。オキアミ類は，混合層深度が浅いと多くなることがわかった。

　一方，優占カイアシ類6種（*Calanoides acutus, Calanus propinquus, Calanus simillimus, Metridia gerlachei, Metridia lucens* および *Rhincalanus gigas*）の個体群構造の水平分布を見たところ，種ごとに大きく異なっていた（図6.8）。*C. acutus* と *C. propinquus* は類似した個体群構造を示し，個体数が高い地点に若い個体が多かった。そのため，両種とも観測前に再生産を行っていたことが示唆された。暖水域に分布する *C. simillimus* は北部で多く見られ，海流によって輸送されていたと考えられた。*Metridia* 属の2種は水平的に分布域をずらしており，*M. gerlachei* が南部，*M. lucens* が北部で多かった。*R. gigas* は，親個体が多いが，ノープリウス幼生も多く採集されたため（図6.8には含まれていない），再生産を行っていたと考えられた。これら6種についても，統計解析を行ったところ，全個体数で見られた特徴と基本的に同じであった（表6.1）。その特徴に加えて，*M. gerlachei* は，混合層以下の水温が低いと多い傾向があった。*C. acutus* と *M. lucens* については，海氷のパラメーターと関連があり，海氷融解から日が浅いほど個体数が多くなることがわかった。さらに，カイアシ類の発育段階と環境要因とを比較したところ，種ごとに関係性が異なっていることがわかった。まとめると，優占カイアシ類の個体群構造は，それぞれの種の生活史によって決まり，環境要因の影響は種ごとに差があることが示唆された。

　このように，南極海インド洋区では，海氷と一次生産が動物プランクトン群集やカイアシ類の個体群構造に大きく影響していることがわかってきた。南極海インド洋区での研究を始めて，現在4年目になる。北極海と比べてまだまだ研究歴が浅いため，多くの研究例を紹介できないのが心苦しいが，今後も継続して気候変動による生態系への影響を調査していく。次の最終章では，現在進行している研究と今後の課題について触れる。

第7章 いま取り組んでいる研究

　最後に，現在取り組んでいる研究と今後の課題について述べる。北海道大学水産学部の助教となってから，指導学生と共に取り組んだものである。

7.1 珪藻類の休眠期細胞

　第4章で北極海での研究を概説したが，ここでは，そこから発展した研究について紹介する。

❖ 休眠期細胞は珪藻類のタネ

　北極海において，一次生産のほとんどを担っているのは珪藻類である（図1.6 参照）。珪藻類には，冬期に環境条件が悪くなる（栄養塩不足や日射不足）と，休眠期細胞を形成する種が存在している（Hargraves and French, 1983; McQuoid and Hobson, 1996）。休眠期細胞は通常の細胞の状態（栄養細胞という）とは異なり，沈みやすい形となり，細胞壁が厚くなる。その結果，水中から海底へと沈降し，堆積していく。そして，春季に環境が好転すると発芽し，増殖を再開する（図7.1）。そのため，休眠期細胞は言わば珪藻類のタネと考えることができる（Tsukazaki et al., 2013）。

　北部ベーリング海はベーリング海と北極をつなぐ重要な海域である。季節海氷域であり，水深は50 m と浅い。一次生産が高いことも知られており，水柱で増殖した珪藻類のおよそ半分が水中の動物プランクトンに摂餌されずに海底へ沈降する（Grebmeier et al., 2006）。これらの特徴から，北部ベーリング海の海底堆積物中には多くの珪藻類の休眠期細胞が蓄積されていると考えられるが，詳細は不明であった。

　一方で，この海域は海氷の年変動が顕著であり，海氷融解の変化に合わせて植物プランクトンブルームの時期が変化することが衛星観測から報告されてい

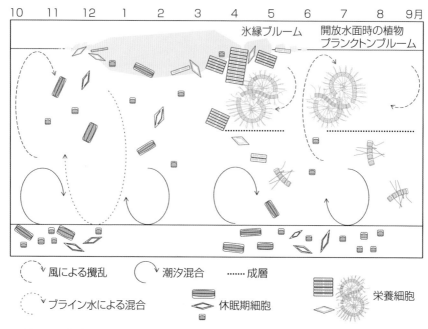

| 10 | 11 | 12 | 1 | 2 | 3 | 4 | 5 | 6 | 7 | 8 | 9月 |

氷縁ブルーム　　開放水面時の植物
プランクトンブルーム

- ⤳ 風による攪乱
- ↻ 潮汐混合
- ······ 成層
- ⤳ ブライン水による混合
- ◇ 休眠期細胞
- ⊞ ✳ ◇ 栄養細胞

図7.1　結氷域における珪藻類の生活史。増殖に適さない冬期は，海氷中か海底で休眠期細胞として生き延びる。（Tsukazaki et al., 2013を基に作成）

る（Fujiwara et al., 2016）。しかし，そのときに植物プランクトン群集内で種組成が変化しているのかはわかっていない。海底堆積物中の珪藻類のタネを調査することにより，調査前から調査時までの水柱でどのような珪藻類が多く増殖していたのか，そしてその組成が海氷や環境とどのように関係しているのか解明できるのではないかと考え，研究に取り組んだ。

❖ 氷が溶けると植物プランクトン群集は変わる？

　調査は，2017年7月と2018年7月に北海道大学水産学部附属練習船「おしょろ丸」に乗船して，北部ベーリング海で実施した。堆積物試料を採取し，Most Probable Number Method（MPN法）によって堆積物中に含まれる休眠期細胞密度を推定した。MPN法とは，まず堆積物を植物プランクトン用の培地で10倍毎の段階希釈して培養する。そして培養後，それぞれの画分からどの

種が出現するか調べることにより，堆積物中の休眠期細胞数を見積もる実験方法である。加えて，衛星観測による海氷密接度のデータを取得し，密接度が最後に 20 % 以下になった日を海氷後退日と定義した。

　研究の結果，休眠期細胞群集は，セントローレンス島の南側海域において，細胞密度と種組成に大きな年変化が見られた（図 7.2 の左と中央）。2017 年には，海氷内で増殖するアイスアルジーの *Fragilariopsis/Fossula* 属が多かったが，2018 年には主に水柱内で増殖する *Thalassiosira* 属が高密度であった。

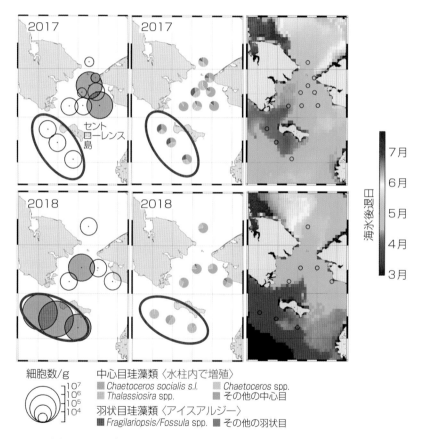

図7.2　北部ベーリング海の海底堆積物中における，珪藻類休眠期細胞の分布と種組成。右の図は，海氷が消失した日を色で示している。(Fukai et al., 2019より)

　海氷の後退時期に注目すると，2017 年と 2018 年で大きく異なっていた（図 7.2 の右）。とくにセントローレンス島の南方海域では，2017 年は 4 月中旬から 5 月初旬にかけて海氷が後退していたのに対し，2018 年は 3 月下旬にはすでに後退していた。この海域では，日長が長くなる 4 月から 5 月にかけて，アイスアルジーが海氷のなかまたは下でとくに増殖することが知られている。

　これらのことから，2017 年はアイスアルジーの増殖に十分な光環境となる 4 月中旬であっても海氷が存在していたため増殖できたのに対し，2018 年は海氷の後退時期が非常に早かったために増殖できず，代わりに水柱における珪藻類ブルームの規模が拡大したと考えられた。このように，海氷の融解時期が異なることによって，その後の植物プランクトン群集の組成が変化することが初めて明らかになった（Fukai et al., 2019）。

　この海底堆積物には，珪藻類だけでなく有害で有毒な渦鞭毛藻類のタネ（シストと呼ぶ）も含まれている。ベーリング海からチャクチ海にかけての広域調査の結果，日本沿岸の赤潮発生海域よりも高密度でチャクチ海内に分布していることが判明した（Natsuike et al., 2013）。しかも，近年の温暖化と南方からの海流の強化が相まって，北極海内でも赤潮発生の実態解明が求められている。このように，海底堆積物中の休眠期細胞を用いた研究は，浅い陸棚域が広がる北極海において有効であり，今後も調査を続けていく。

7.2　グリーンランドでの研究

　日本国内で GRENE，ArCS，ArCS II と北極に関連した大型プロジェクトが推進されていくなかで，太平洋側北極海だけでなく，グリーンランドのフィヨルドでも研究を行う機会を得た。これは元々，北海道大学低温科学研究所の杉山慎教授のチームがグリーンランドのカナック周辺で氷河の観測を行っておられ，氷河の融け水（氷河融解水）が増加していることを把握されていた。その氷河融解水が海に流れ込むと，海洋環境とそこに住む生物に何らかの影響を及ぼすはずであるが，観測例がほとんどないために詳細は不明であった。ArCS プロジェクト内の共同研究として，氷河の観測に加えてフィヨルド内の海洋観

測を開始し，そこで採集されたプランクトン試料の分析を，指導した学生とともに担当することになった。

❖ 海洋末端氷河と陸末端氷河

　グリーンランドでは，温暖化により氷河の融解が急速に進行している（Howat and Eddy, 2011; Cowton et al., 2018）。氷河融解水が海に流入する際，氷河が海洋に面している海洋末端氷河か，陸で終わっている陸末端氷河かで，流路が異なる（図7.3）。

　海洋末端氷河では，氷河中を融解水が流れ，氷河末端の底付近から放出される。この融解水は淡水であるため，密度が軽く，湧昇を発生させる。その湧昇により，底層の栄養塩と懸濁物が有光層内に運ばれるため，栄養塩を利用して植物プランクトンが増殖し，一次生産が増加する（Arendt et al., 2013; Juul-Pedersen et al., 2015; Meire et al., 2017; Kanna et al., 2018）。

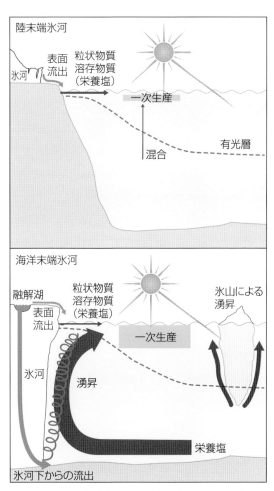

図7.3　陸末端氷河と海洋末端氷河における氷河融解水の流路の変化と，海洋環境への影響。（Meire et al., 2017を基に作成）

　一方，陸末端氷河では，氷河上で溶け出した淡水は氷河から陸地上を通り，海へと流れ込む。融解水の密度は低く，海氷面を覆うように広がるため，湧昇は起こらず，結果的に一次生産は低い（Meire et al., 2017; Middelbo et al., 2018）。

　このように，氷河のタイプによって，海洋環境や一次生産に与える影響は大きく異なる。

❖ 海洋末端氷河でのプランクトン調査

　グリーンランド全体では，マイクロプランクトンに関する研究は比較的多い。たとえば，南東部のディスコ湾（Nielsen and Hansen, 1995; Levinsen et al., 1999; Levinsen et al., 2000），北東部のヤングサウンド（Rysgaard et al., 1999; Rysgaard and Nielsen, 2006; Krawczyk et al., 2015），南部のゴッドホープフィヨルド（Arendt et al., 2010; Calbet et al., 2011）で報告がある。しかし，グリーンランド北西部では未だ調査が行われていない。さらに，氷河融解水の流入による影響は近年とくに注目されており，バクテリア生産（Paulsen et al., 2017），一次生産（Arendt et al., 2013; Juul-Pedersen et al., 2015; Meire et al., 2017），動物プランクトン（Arendt et al., 2016）については研究例があるが，マイクロプランクトンへの影響は報告例がない。そこで，グリーンランド北東部にあるイングレフィールドブレドニングフィヨルドとボードウィンフィヨルド（いずれも海洋末端氷河）でマイクロプランクトンおよび動物プランクトンの調査を実施し，氷河融解水による影響を評価することにした。

❖ マイクロプランクトン群集

　2018 年 8 月のイングレフィールドブレドニングフィヨルドにおけるマイクロプランクトン群集では，渦鞭毛藻類と原生動物プランクトンである少毛類が優占していた（図 7.4）。

　水柱積算したバイオマスの水平分布では，明確なパターンは見いだせなかった。しかし，各観測点における鉛直分布を見ると，分類群ごとに傾向が異なっていた。海表面では少毛類が多く，これは少毛類にとっての餌（小型の珪藻類

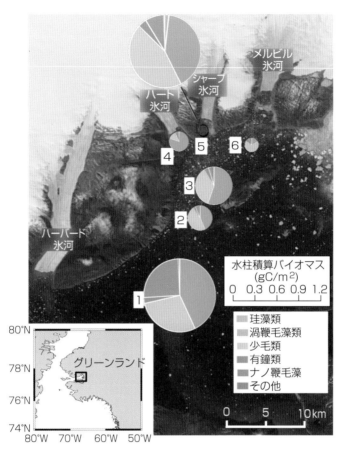

図7.4　2018年8月のグリーンランド北西部のイングレフィールドブレドニングフィ
ヨルドにおけるマイクロプランクトン群集の現存量と組成。円の大きさが水柱積算バイ
オマス，色が組成を示す。数字は観測点の番号。（Matsuno et al., 2020bより）

やナノ鞭毛虫）が豊富であったためだろう。氷河に近い観測点（St. 3，4，5）
では亜表層に比較的高いクロロフィル *a* 濃度が見られ，低水温・高濁度・高栄
養塩の水塊と一致していたことから，この海域においても氷河末端からの湧昇
により一次生産が増加していることがわかった。

　さらに，興味深いことに，大型の従属栄養性渦鞭毛藻類が，その観測点での
み見られた（図7.5）。これは，湧昇によって運ばれた栄養塩をナノ鞭毛藻類が

110

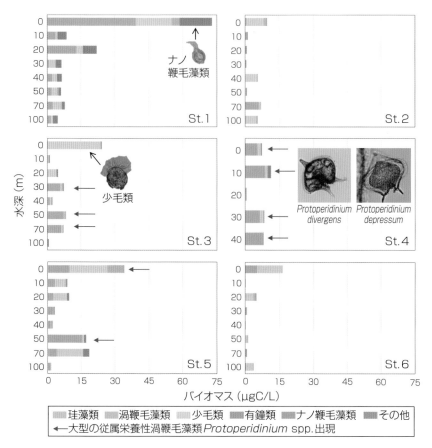

図7.5 イングレフィールドブレドニングフィヨルドにおけるマイクロプランクトン群集の鉛直分布。赤矢印は，大型の従属栄養性渦鞭毛藻類が出現した水深を示す。氷河融解水の影響が強いSt.3，4，5において特異的に見られた。(Matsuno et al., 2020bより)

利用して増加し，それを繊毛虫類や小型の渦鞭毛藻類が食べ，最終的に大型の渦鞭毛藻類が捕食して増加していたためだとわかった。

　この研究により，北西部グリーンランドの海洋末端氷河において，氷河融解水の放出に起因する湧昇により，有光層内のクロロフィル *a* の増加だけでなく，ナノ鞭毛藻類による生産も増加し，従属栄養性のマイクロプランクトンが増加することがわかった（Matsuno et al., 2020b）。

❖ 動物プランクトン群集

　次に，イングレフィールドブレドニングフィヨルドに隣接しているボード
ウィンフィヨルドにおいて，表層の動物プランクトン群集を調査した。試料は
NORPAC ネット（口径 45 cm，目合い 335 µm）を海面下 2〜3 m で水平曳き
して得た。

　得られた試料から分類群ごとに分けて拾い出し，湿重量を測定した。それに
基づいてクラスター解析を行った結果，動物プランクトン群集は A〜C の 3 つ

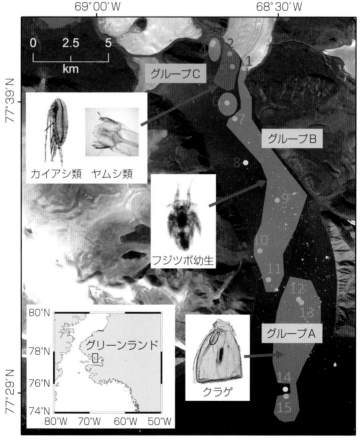

図7.6　ボードウィンフィヨルドの表層におけるメソ動物プランクトン群集の水平
分布。動物プランクトン群集はクラスター解析により 3 つに区分された。写真
は各グループで優占した動物プランクトンを示す。（Naito et al., 2019 より）

に区分された（図 7.6）。グループ A はフィヨルド入り口付近，グループ B は中央部に分布し，グループ C は氷河の近くに見られた。それぞれのグループにおける動物プランクトン組成について，グループ A はクラゲ類が多く，グループ B はフジツボ幼生が優占していた（図 7.6）。氷河の近くに分布していたグループ C では，外洋性カイアシ類と深海性のヤムシ類が多かった。

　底層にはフィヨルドの奥向きに流れる海流があり，それにより外洋の動物プランクトンが輸送されている（図 7.3 参照）。海流が氷河近くに到達すると氷河融解水による湧昇で表層に運ばれる。つまり，氷河近傍の表層で外洋性のカイアシ類と深海性のヤムシが多く見られたのは，それらが海流と湧昇によって運ばれた結果と考えられた。

　以上の研究より，氷河融解水が増加すると，マイクロプランクトンの生産を促進し，底層に分布する動物プランクトンを表層に輸送する効果が高まることがわかった。ボードウィンフィヨルドの海洋末端氷河の近くでは，海表面採食性の海鳥が多く集まることが報告されており（Nishizawa et al., 2020），氷河融解水増加の影響が，低次生態系だけでなく高次生態系にも波及している。ただし，氷河融解水による湧昇は，氷河の高さによって変化することも最近わかってきている（Hopwood et al., 2018）。これは，氷河が浅すぎると外洋から高栄養塩な海水が入って来なくなり，逆に深すぎると湧昇が有光層まで届かないために一次生産が増加しない，というものである。氷河と海洋との関係を研究するとき，この氷河の高さは今後 1 つのトピックになるだろう。

7.3　南極海での研究

　ここでは，研究途中のため詳しく書くことはできないのだが，南極海で続けている研究について簡単に紹介する。

　2018 年 12 月から 2019 年 3 月まで，水産庁所属の漁業調査船「開洋丸」による南極航海が実施された。当時，タスマニアにいた私に声がかかり，その後，北大水産に着任してから，指導している学生が参加することになった。その航海は，南極海インド洋区において，ナンキョクオキアミをはじめとする海

洋生物の現存量を調査することを目的に行われた。CTD などによる海洋観測はもちろんのこと，各種ネットによる生物採集，音響調査，目視調査などが行われた。私たちのチームが担当したのは，採水試料によるマイクロプランクトン（珪藻類や渦鞭毛藻類）群集の解析，RMT（Rectangular Midwater Trawl）8+1 ネットによるメソおよびマクロ動物プランクトン群集の解析である。

　この航海で得られたデータは，低次生態系から高次生態系までを満遍なく網羅しているだけではない。調査から遡ること 23 年前に，同じ海域でオーストラリアが同様の大規模調査を行っている。Baseline Research on Oceanography, Krill and the Environment を略して BROKE と命名されたそのプロジェクトは，1995～1996 年に 80～150°E にかけてナンキョクオキアミを中心とした海洋生態系を総合的に調査した。その結果，バクテリアから鯨類に至るまで，多くの重要な知見がもたらされた。「開洋丸」の航海では，この BROKE と比較可能なデータを取得している。そのため，両航海のデータを合わせて解析することにより，1996 年と 2019 年での海氷と海洋環境の変化に基づくプランクトン群集の変化を明らかにすることが期待できる。

7.4　両極の比較と今後の課題

　ここまで，私や共同研究者，指導する学生が北極海と南極海で実施してきた研究を紹介した。最後に，両極における海洋生態系の特徴，環境要因との関係，そして今後の課題について述べる。

❖ 海氷生態系

　両極の海洋生態系に共通するのは，固有種が多く，海氷と密接に関連した生活史を持ち，独自の生態系を構築している点である。たとえば，海氷下で繁茂するアイスアルジーを起点とした under ice fauna（海氷下生態系）が知られている（Gulliksen and Lønne, 1989）。これは，アイスアルジー→端脚類→北極ダラ→アザラシ→シロクマの順で食う−食われる関係がつながっている生態系である。また，海氷のなかには高密度の繊毛虫や動物プランクトンの卵が存在す

るため，生物の生息の場としても大切と言える。直接的には海氷と関連がなくても，海氷融解後の氷縁ブルームを利用して再生産を行う種も多い。

　私は未だに海氷中や海氷下に生息する生物を研究できていない。海氷生態系は，極域から海氷が消失する前に取り組んでみたいテーマの１つである。

❖ 環境変動とプランクトンの関係

　環境変動との関係としては，海氷の消失によるアイスアルジー生産の減少がある。海氷下に繁茂するアイスアルジーは衛星から観測することができないため，未だにブラックボックスのままである。しかし，現場での観測によると，海域の総一次生産量の 4〜26 ％ を占めているとされており（Legendre et al., 1992; Tremblay et al., 2009），その生産はカイアシ類の再生産に利用されている（Durbin and Casas, 2014）。これらのことから，アイスアルジー生産の減少は，少なからず生態系に影響を及ぼすだろう。

　次に，温暖化によって分布域が極寄り（polar ward）にシフトすることが挙げられる。北極域では第 4 章で紹介したとおり，実際に分布の北上が観察されている（Matsuno et al., 2011）。一方，南極海では，モデル研究により，水温が 1℃ 上昇すると，すべての動物プランクトンの分布が南下することが示されている（Atkinson et al., 2012）。これらの変化は継続するのか，不可逆的なものか可逆的なものか，観測を継続して見極める必要がある。

❖ 北極海航路とマイクロプラスチック

　北極海については，海氷の衰退とともに，北極海航路に関する調査と議論が進められている。実現すれば，アジアとヨーロッパの間の船舶による輸送時間が大幅に短縮される。

　北極評議会（Arctic Council）のなかにある北極圏海洋環境保護作業部会（Protection of the Arctic Marine Environment：PAME）による最新レポートでは，2013 年と比べて，2019 年に北極海内に入った船舶の数は 25 ％ 増加している（PAME report, 2020）。船舶の数が増えれば，北極海内での人為起源の汚染（有害物質やプラスチックなど）や有機物排出（残飯など）の機会が増える。海洋生物学者の一人としては，それらによる海洋生態系への影響についても今

後は研究していきたい。

　とくに，マイクロプラスチックの問題については，かなり前から指摘されていたが，調査例が少なく，実態を把握できているとは言えないのが現状である。多く報告されている高次生物の胃内容物による研究だけでなく，水中における定量的な採集を環北極海，環南極海で実施することで，実態を把握できるだろう。

❖ 未だにわからないことだらけ

　この本で紹介した内容は，ここ 10 年ほどでわかってきたことである。研究者は変化が起こった後に，なぜそのように変わったのかをデータや過去の文献をもとに一生懸命に理解しようとするのだが，海には未だにわからないことがたくさんある。これから起こる気候変動によって海洋生態系がどうなってしまうのか，まだまだ詳細には解明できていない。それに加えて，社会活動による影響も危惧されており，実態の把握と影響の評価が求められている。それらの課題に対して最大限にアプローチするためには，多くの研究者が国という単位を超えて協力しあい，取り組んでいかなければならない。

　私たちの知らないところで海の変化は確実に進んでおり，回りまわって私たちに返ってくる。気が付いたときに手遅れにならないよう，そしてなぜ変わってしまったのか説明ができるように，これからも研究を続けていきたいと強く思う。

おわりに

　北水ブックスシリーズ第 1 弾を分担執筆してから早 2 年が過ぎました。若手に分類される私が 1 人で 1 冊の本を書ける自信はなかったのですが，海文堂出版の岩本登志雄さんのていねいな編集のおかげで何とか完成までたどり着けました。深く感謝申し上げます。本書で紹介した研究は日本学術振興会および文部科学省の助成金を受けて実施できました。記して感謝申し上げます。研究遂行のためにご指導・ご鞭撻をいただきましたすべての方々に衷心より感謝申し上げます。また学生をはじめご協力いただいたすべての方々に厚く御礼申し上げます。最後に，在宅勤務中に激励してくれた妻と娘に心から感謝します。

Arctic Ocean shelf species

Copepoda

 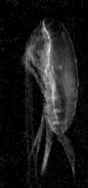 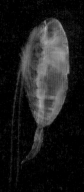

Copepodite five stage   Adult female   Adult male

Calanus glacialis

Benthic larva

Bivalvia larva   Barnacle nauplii

Appendicularia

Oikopleura vanhoeffeni

Euphausiacea

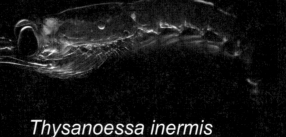

Thysanoessa inermis

Arctic Ocean basin species

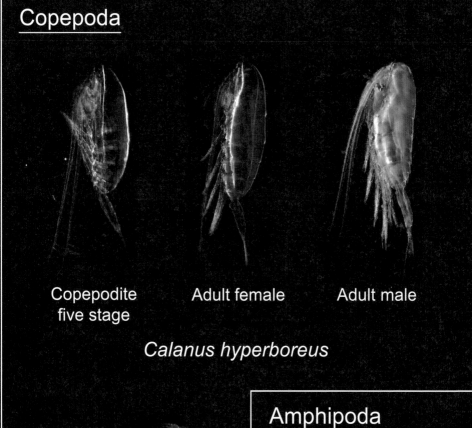

Copepoda

Copepodite five stage   Adult female   Adult male

Calanus hyperboreus

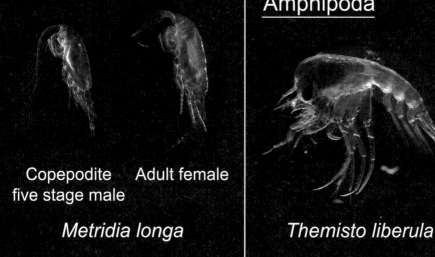

Amphipoda

Copepodite five stage male   Adult female

Metridia longa   *Themisto liberula*

Copepoda

 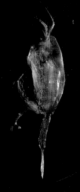 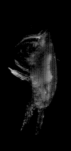 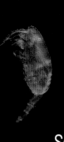 

Adult female
Scolecitrichopsis polaris

Adult female   Adult male   Adult female   Adult male

Paraeuchaeta glacialis   *Scaphocalanus magnus*

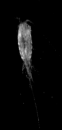 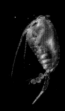 

Adult female   Adult female   Adult female

Adult female

Heterorhabdus norvegicus   *Gaetanus brevispinus*   *Gaetanus tenuispinus*   *Chiridius obtusifrons*

Ostracoda

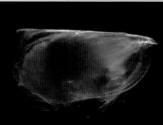

Boroecia borealis

Copepoda

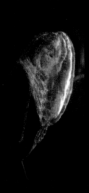
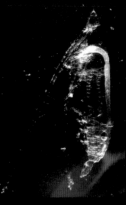

Neocalanus cristatus

Neocalanus plumchrus

Calanus pacificus

Eucalanus bungii

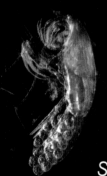

Scottocalanus securifrons

Metridia pacifica

Euchirella sp.

Paraeuchaeta elongata

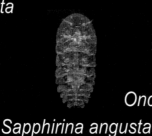

Oncaea sp.

Sapphirina angusta

Euchirella sp.

Sub-arctic Ocean surface species

Euphausiacea

Euphausia pacifica

Amphipoda

Primno abyssalis   *Cyphocaris challengeri*

Doliolida

Doliolum denticulatum

Pteropoda

Clio pyramidata

Copepoda

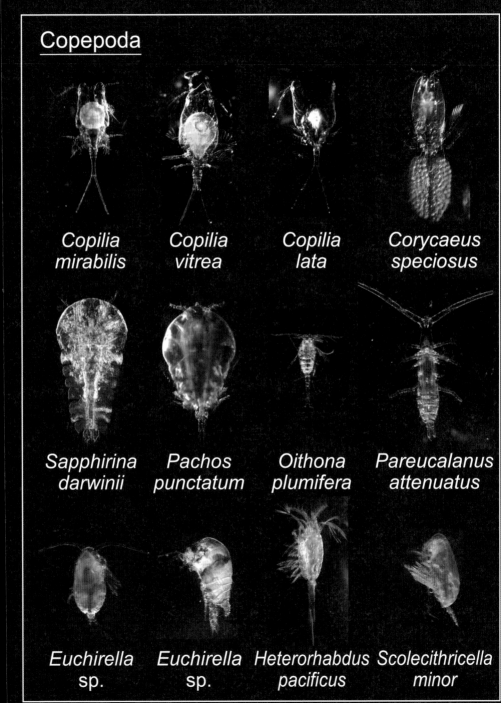

Copilia mirabilis	*Copilia vitrea*	*Copilia lata*	*Corycaeus speciosus*
Sapphirina darwinii	*Pachos punctatum*	*Oithona plumifera*	*Pareucalanus attenuatus*
Euchirella sp.	*Euchirella* sp.	*Heterorhabdus pacificus*	*Scolecithricella minor*

Sub-tropical Ocean surface species

Euphausiacea

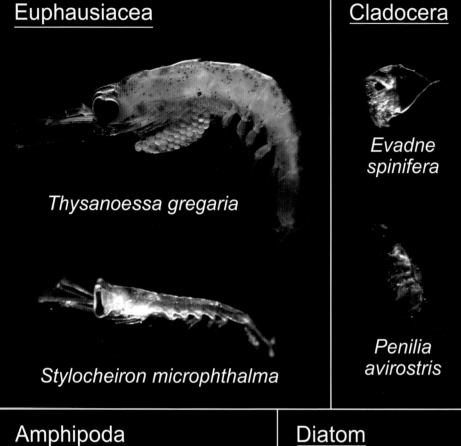

Thysanoessa gregaria

Stylocheiron microphthalma

Cladocera

Evadne spinifera

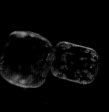

Penilia avirostris

Amphipoda

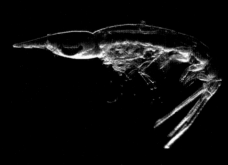

Leptocotis tenuirostris

Diatom

Ethmodiscus rex

参考文献

Aoki, S., Rintoul, S.R., Hasumoto, H. and Kinoshita, H. (2006) Frontal positions and mixed layer evolution in the Seasonal Ice Zone along 140°E in 2001/02. *Polar Biosci.*, **20**, 1–20.

Ardyna, M., Babin, M., Gosselin, M., Devred, E., Rainville, L. and Tremblay, J.É. (2014) Recent Arctic Ocean sea ice loss triggers novel fall phytoplankton blooms. *Geophys. Res. Lett.*, **41**, 6207–6212.

Arendt, K.E., Nielsen, T.G., Rysgaard, S. and Tönnesson, K. (2010) Differences in plankton community structure along the Godthåbsfjord, from the Greenland Ice Sheet to offshore waters. *Mar. Ecol. Prog. Ser.*, **401**, 49–62.

Arendt, K.E., Juul-Pedersen, T., Mortensen, J., Blicher, M.E. and Rysgaard, S. (2013) A 5-year study of seasonal patterns in mesozooplankton community structure in a sub-Arctic fjord reveals dominance of *Microsetella norvegica* (Crustacea, Copepoda). *J. Plankton Res.*, **35**, 105–120.

Arendt, K.E., Agersted, M.D., Sejr, M.K., Juul-Pedersen, T. (2016) Glacial meltwater influences on plankton community structure and the importance of top-down control (of primary production) in a NE Greenland fjord. *Estuar. Coast. Shelf Sci.*, **183**, 123–135.

Arrigo, K.R., Van Dijken, G.L. and Bushinsky, S. (2008) Primary production in the Southern Ocean, 1997–2006. *J. Geophys. Res.*, **113**, C08004.

Atkinson, A., Ward, P., Hunt, B.P.V., Pakhomov, E.A. and Hosie, G.W. (2012) An overview of Southern Ocean zooplankton data: abundance, biomass, feeding and functional relationships. *CCAMLR Science*, **19**, 171–218.

Bintanja, R. and Selten, F.M. (2014) Future increases in Arctic precipitation linked to local evaporation and sea-ice retreat. *Nature*, **509**, 479–482.

Bracegirdle, T.J., Connolley, W.M. and Turner, J. (2008) Antarctic climate change over the twenty-first century. *J. Geophys. Res.*, **113**, D03103.

Calbet, A., Riisgaard, K., Saiz, E., Zamora, S., Stedmon, C. and Nielsen, T.G. (2011) Phytoplankton growth and microzooplankton grazing along a sub-Arctic fjord (Godthåbsfjord, west Greenland). *Mar. Ecol. Prog. Ser.*, **442**, 11–22.

Chiba, S., Ishimaru, T., Hosie, G.W. and Fukuchi, M. (2001) Spatio-temporal variability of zooplankton community structure off east Antarctica (90 to 160°E). *Mar. Ecol. Prog. Ser.*, **216**, 95–108.

Clare, A.S. and Walker, G. (1986) Further studies on the control of the hatching process in *Balanus balanoides* (L). *J. Exp. Mar. Biol. Ecol.*, **97**, 295–304.

Coachman, L.K. and Aagaard, K. (1966) On the water exchange through Bering Strait. *Limnol. Oceanogr.*, **11**, 44–59.

Codispoti, L.A., Flagg, C., Kelly, V. and Swift, J.H. (2005) Hydrographic conditions during the 2002 SBI process experiments. *Deep-Sea Res. II*, **52**, 3199–3226.

Comiso, J.C., Parkinson, C.L., Gersten, R. and Stock, L. (2008) Accelerated decline in the Arctic sea ice cover. *Geophys. Res. Lett.*, **35**, L01703.

Cowton, T.R., Sole, A.J., Nienow, P.W., Slater, D.A. and Christoffersen, P. (2018) Linear response of east Greenland's tidewater glaciers to ocean/atmosphere warming. *Proc. Natl. Acad. Sci.*, **115**, 7907–7912.

Crisp, D.J. (1962) Release of larvae by barnacles in response to the available food supply. *Anim. Behav.*, **10**, 382–383.

de Baar, H.J., De Jong, J.T., Bakker, D.C., Löscher, B.M., Veth, C., Bathmann, U. and Smetacek, V. (1995) Importance of iron for plankton blooms and carbon dioxide drawdown in the Southern Ocean. *Nature*, **373**, 412–415.

Ducklow, H.W., Fraser, W., Karl, D.M., Quetin, L.B., Ross, R.M., Smith, R.C., Stammerjohn, S.E., Vernet, M. and Daniels, R.M. (2006) Water-column processes in the West Antarctic Peninsula and the Ross Sea: interannual variations and foodweb structure. *Deep-Sea Res. II*, **53**, 834–852.

Duhamel, G., Hulley, P.-A., Causse, R., Koubbi, P., Vacchi, M., Pruvost, P., Vigetta, S., Irisson, J.-O., Mormède,

124

S., Belchier, M., Dettai, A., Detrich, H.W., Gutt, J., Jones, C.D., Kock, K.-H., Lopez Abellan, L.J. and Van de Putte, A.P. (2014) Chapter 7. Biogeographic Patterns of Fish. pp.328–362, De Broyer, C., Koubbi, P., Griffiths, H.J., Raymond, B., Udekem d'Acoz, C.d', Van de Putte, A.P., Danis, B., David, B., Grant, S., Gutt, J., Held, C., Hosie, G., Huettmann, F., Post, A. and Ropert-Coudert, Y. (eds), *Biogeographic Atlas of the Southern Ocean*. Scientific Committee on Antarctic Research, Cambridge.

Durbin, E.G. and Casas, M.C. (2014) Early reproduction by *Calanus glacialis* in the Northern Bering Sea: the role of ice algae as revealed by molecular analysis. *J. Plankton Res.*, **36**, 523–541.

Errhif, A., Razouls, C. and Mayzaud, P. (1997) Composition and community structure of pelagic copepods in the Indian sector of the Antarctic Ocean during the end of the austral summer. *Polar Biol.*, **17**, 418–430.

Ershova, E.A., Hopcroft, R.R., Kosobokova, K.N., Matsuno, K., Nelson, R.J., Yamaguchi, A. and Eisner, L.B. (2015) Long-term changes in summer zooplankton communities of the western Chukchi Sea, 1945–2012. *Oceanography*, **28**, 100–115.

Falk-Petersen, S., Mayzaud, P., Kattner, G. and Sargent, J.R. (2009) Lipids and life strategy of Arctic Calanus. *Mar. Biol. Res.*, **5**, 18–39.

Fujiwara, A., Hirawake, T., Suzuki, K., Eisner, L., Imai, I., Nishino, S., Kikuchi, T. and Saitoh, S.I. (2016) Influence of timing of sea ice retreat on phytoplankton size during marginal ice zone bloom period on the Chukchi and Bering shelves. *Biogeosciences*, **13**, 115–131.

Fujiwara, A., Nishino, S., Matsuno, K., Onodera, J., Kawaguchi, Y., Hirawake, T., Suzuki, K., Inoue, J. and Kikuchi, T. (2018) Changes in phytoplankton community structure during wind-induced fall bloom on the central Chukchi shelf. *Polar Biol.*, **41**, 1279–1295.

Fukai, Y., Matsuno, K., Fujiwara, A. and Yamaguchi, A. (2019) The community composition of diatom resting stages in sediments of the northern Bering Sea in 2017 and 2018: the relationship to the interannual changes in the extent of the sea ice. *Polar Biol.*, **42**, 1915–1922.

Gall, A.E., Morgan, T.C., Day, R.H. and Kuletz, K.J. (2017) Ecological shift from piscivorous to planktivorous seabirds in the Chukchi Sea, 1975–2012. *Polar Biol.*, **40**, 61–78.

Grebmeier, J.M. (2012) Shifting patterns of life in the Pacific Arctic and sub-Arctic Seas. *Annu. Rev. Marine. Sci.*, **4**, 63–78.

Grebmeier, J.M., Cooper, L.W., Feder, H.M. and Sirenko, B.I. (2006) Ecosystem dynamics of the Pacific-influenced northern Bering and Chukchi Seas in the Amerasian Arctic. *Prog. Oceanogr.*, **71**, 331–361.

Grebmeier, J.M., Feder, H.M. and McRoy, C.P. (1989) Pelagic-benthic coupling on the shelf of the northern Bering and Chukchi Seas. II. Benthic community structure. *Mar. Ecol. Prog. Ser.*, **51**, 253–268.

Grebmeier, J.M., Harvey, H.R. and Stockwell, D.A. (2009) The western Arctic Shelf-Basin Interactions (SBI) project, volume II: an overview. *Deep-Sea Res. II*, **56**, 1137–1143.

Gulliksen, B. and Lønne, O.J. (1989) Distribution, abundance, and ecological importance of marine sympagic fauna in the Arctic. *Rapp. P-V Reun. Cons. Int. Explor. Mer.*, **188**, 133–138.

Hargraves, P.E. and French, F.W. (1983) Diatom resting spore: significance and strategies. pp.49–68, Fryxell, G.A. (ed) *Survival strategies of the Algae*. Cambridge University Press, Cambridge.

Hill, V. and Cota, G. (2005) Spatial patterns of primary production on the shelf, slope and basin of the western Arctic in 2002. *Deep-Sea Res. II*, **52**, 3344–3354.

Hopcroft, R.R., Kosobokova, K.N. and Pinchuk, A.I. (2010) Zooplankton community patterns in the Chukchi Sea during summer 2004. *Deep-Sea Res. II*, **57**, 27–39.

Hopwood, M.J., Carroll, D., Browning, T.J., Meire, L., Mortensen, J., Krisch, S. and Achterberg, E.P. (2018) Non-linear response of summertime marine productivity to increased meltwater discharge around Greenland. *Nat. Commun.*, **9**, 1–9.

Hosie, G.W. and Cochran, T.G. (1994) Mesoscale distribution patterns of macrozooplankton communities in Prydz Bay, Antarctica, January to February 1991. *Mar. Ecol. Prog. Ser.*, **106**, 21–39.

Howat, I.M. and Eddy, A. (2011) Multi-decadal retreat of Greenland's marine-terminating glaciers. *J. Glaciol.*, **57**, 389–396.

Hunt, Jr.G.L. and Drinkwater, K. (2007) Introduction to the proceedings of the GLOBEC symposium on effects of climate variability on sub-Arctic marine ecosystems. *Deep-Sea Res. II*, **54**, 2453–2455.

Johnson, M.W. (1934) The production and distribution of zooplankton in the surface waters of the Bering Sea and

Bering Strait. pp.45–82. In *Report of the oceanographic cruise US Coast Guard Cutter Chelan-1934, Part II*, edited by United States. Coast Guard, Washington.

Juul-Pedersen, T., Arendt, K.E., Mortensen, J., Blicher, M.E., Søgaard, D.H. and Rysgaard, S. (2015) Seasonal and interannual phytoplankton production in a sub-Arctic tidewater outlet glacier fjord, SW Greenland. *Mar. Ecol. Prog. Ser.*, **524**, 27–38.

Kanna, N., Sugiyama, S., Ohashi, Y., Sakakibara, D., Fukamachi, Y. and Nomura, D. (2018) Upwelling of macronutrients and dissolved inorganic carbon by a subglacial freshwater driven plume in Bowdoin Fjord, northwestern Greenland. *J. Geophys. Res.*, **123**, 1666–1682.

Krawczyk, D.W., Arendt, K.E., Juul-Pedersen, T., Sejr, M.K., Blicher, M.E. and Jakobsen, H.H. (2015) Spatial and temporal distribution of planktonic protists in the East Greenland fjord and offshore waters. *Mar. Ecol. Prog. Ser.*, **538**, 99–116.

Landeira, J.M., Matsuno, K., Tanaka, Y. and Yamaguchi, A. (2018) First record of the larvae of tanner crab *Chionoecetes bairdi* in the Chukchi Sea: A future northward expansion in the Arctic?. *Polar Sci.*, **16**, 86–89.

Lane, P.V.Z., Llinás, L., Smith, S.L. and Pilz, D. (2008) Zooplankton distribution in the western Arctic during summer 2002: Hydrographic habitats and implications for food chain dynamics. *J. Mar. Syst.*, **70**, 97–133.

Laubscher, R.K., Perissinotto, R. and McQuaid, C.D. (1993) Phytoplankton production and biomass at frontal zones in the Atlantic sector of the Southern Ocean. *Polar Biol.*, **13**, 471–481.

Legendre, L., Ackley, S.F., Dieckmann, G.S., Gulliksen, B., Horner, R., Hoshiai, T., Melnikov, I.A., Reeburgh, W.S., Spindler, M. and Sullivan, C.W. (1992) Ecology of sea ice biota, 2 global significance. *Polar Biol.*, **12**, 429–444.

Levinsen, H., Nielsen, T.G. and Hansen, B.W. (1999) Plankton community structure and carbon cycling on the western coast of Greenland during the stratified summer situation. II. Heterotrophic dinoflagellates and ciliates. *Aquat. Microb. Ecol.*, **16**, 217–232.

Levinsen, H., Nielsen, T.G. and Hansen, B.W. (2000) Annual succession of marine pelagic protozoans in Disko Bay, West Greenland, with emphasis on winter dynamics. *Mar. Ecol. Prog. Ser.*, **206**, 119–134.

Li, W.K.W., McLaughlin, F.A., Lovejoy, C. and Carmack, E.C. (2009) Smallest algal thrive as the Arctic Ocean freshens. *Science*, **326**, 539.

Llinás, L., Pickart, R.S., Mathis, J.T. and Smith, S.L. (2009) Zooplankton inside an Arctic Ocean cold-core eddy: Probable origin and fate. *Deep-Sea Res. II*, **56**, 1290–1304.

Markus, T., Stroeve, J.C. and Miller J. (2009) Recent changes in Arctic sea ice melt onset, freezeup, and melt season length. *J. Geophys. Res.*, **114**, C12024.

Matsuno, K. (2014) Spatial and temporal changes in the plankton community in the western Arctic Ocean. *Mem. Fac. Fish. Sci. Hokkaido Univ.*, **56**, 65–107.

Matsuno, K., Yamaguchi, A., Hirawake, T. and Imai, I. (2011) Year-to-year changes of the mesozooplankton community in the Chukchi Sea during summers of 1991, 1992 and 2007, 2008. *Polar Biol.*, **34**, 1349–1360.

Matsuno, K., Yamaguchi, A. and Imai, I. (2012a) Biomass size spectra of mesozooplankton in the Chukchi Sea during the summers of 1991/1992 and 2007/2008: an analysis using optical plankton counter data. *ICES J. Mar. Sci.*, **69**, 1205–1217.

Matsuno, K., Yamaguchi, A., Shimada, K. and Imai, I. (2012b) Horizontal distribution of calanoid copepods in the western Arctic Ocean during the summer of 2008. *Polar Sci.*, **6**, 105–119.

Matsuno, K., Ichinomiya, M., Yamaguchi, A., Imai, I. and Kikuchi, T. (2014a) Horizontal distribution of microprotist community structure in the western Arctic Ocean during late summer and early fall of 2010. *Polar Biol.*, **37**, 1185–1195.

Matsuno, K., Yamaguchi, A., Fujiwara, A., Onodera, J., Watanabe, E., Imai, I., Chiba, S., Harada, N. and Kikuchi, T. (2014b) Seasonal changes in mesozooplankton swimmers collected by sediment trap moored at a single station on the Northwind Abyssal Plain in the western Arctic Ocean. *J. Plankton Res.*, **36**, 490–502.

Matsuno, K., Yamaguchi, A., Fujiwara, A., Onodera, J., Watanabe, E., Harada, N. and Kikuchi, T. (2015a) Seasonal changes in the population structure of dominant planktonic copepods collected using a sediment trap moored in the western Arctic Ocean. *J. Nat. Hist.*, **49**, 2711–2726.

Matsuno, K., Yamaguchi, A., Hirawake, T., Nishino, S., Inoue, J. and Kikuchi, T. (2015b) Reproductive success of Pacific copepods in the Arctic Ocean and the possibility of changes in the Arctic ecosystem. *Polar Biol.*, **38**, 1075–1079.

Matsuno, K., Yamaguchi, A., Nishino, S., Inoue, J. and Kikuchi, T. (2015c) Short-term changes in the mesozooplankton community and copepod gut pigment in the Chukchi Sea in autumn: reflections of a strong wind event. *Biogeosciences*, **12**, 4005–4015.

Matsuno, K., Yamaguchi, A., Fujiwara, A., Onodera, J., Watanabe, E., Harada, N. and Kikuchi, T. (2016) Seasonal changes in mesozooplankton swimmer community and fecal pellets collected by sediment trap moored at the Northwind Abyssal Plain in the western Arctic Ocean. *Bull. Fish. Sci. Hokkaido Univ.*, **66**, 77–85.

Matsuno, K., Fujiwara, A., Hirawake, T. and Yamaguchi, A. (2019) Ingestion rates and grazing impacts of Arctic and Pacific copepods in the western Arctic Ocean during autumn. *Bull. Fish. Sci. Hokkaido Univ.*, **69**, 93–102.

Matsuno, K., Wallis, J.R., Kawaguchi, S., Bestley, S. and Swadling, K.M. (2020a) Zooplankton community structure and dominant copepod population structure on the southern Kerguelen Plateau during summer 2016. *Deep-Sea Res. II*, **174**, 104788.

Matsuno, K., Kanna, N., Sugiyama, S., Yamaguchi, A. and Yang, E.J. (2020b) Impacts of meltwater discharge from marine-terminating glaciers on the protist community in Inglefield Bredning, northwestern Greenland. *Mar. Ecol. Prog. Ser.*, **642**, 55–65.

McQuoid, M.R. and Hobson, L.A. (1996) Diatom resting stages. *J. Phycol.* **32**, 889–902.

McRoy, C.P. (1993) ISHTAR, the project: an overview of Inner Shelf Transfer and Recycling in the Bering and Chukchi seas. *Cont. Shelf Res.*, **13**, 473–479.

Meire, L., Mortensen, J., Meire, P., Juul-Pedersen, T., Sejr, M.K., Rysgaard, S., Nygaard, R., Huybrechts, R. and Meysman, F.J. (2017) Marine-terminating glaciers sustain high productivity in Greenland fjords. *Glob. Change Biol.*, **23**, 5344–5357.

Middelbo, A.B., Sejr, M.K., Arendt, K.E. and Møller, E.F. (2018) Impact of glacial meltwater on spatiotemporal distribution of copepods and their grazing impact in Young Sound NE, Greenland. *Limnol. Oceanogr.*, **63**, 322–336.

Moore, J.K., Abbott, M. and Richman, J. (1999) Location and dynamics of the Antarctic Polar Front from satellite sea surface temperature data. *J. Geophys. Res.*, **104**, 3059–3073.

Murphy, E.J., Watkins, J.L., Trathan, P.N., Reid, K., Meredith, M.P., Thorpe, S.E., Johnston, N.M., Clarke, A., Tarling, G.A., Collins, M.A., Forcada, J., Shreeve, R.S., Atkinson, A., Korb, R., Whitehouse, M.J., Ward, P., Rodhouse, P.G., Enderlein, P., Hirst, A.G., Martin, A.R., Hill, S.L., Staniland, I.J., Pond, D.W., Briggs, D.R., Cunningham, N.J. and Fleming, A.H. (2007) Spatial and temporal operation of the Scotia Sea ecosystem: a review of large-scale links in a krill centered food web. *Phil. Trans. Royal Soc. London Series B*, **362**, 113–148.

Naito, A., Abe, Y., Matsuno, K., Nishizawa, B., Kanna, N., Sugiyama, S. and Yamaguchi, A. (2019) Surface zooplankton size and taxonomic composition in Bowdoin Fjord, north-western Greenland: A comparison of ZooScan, OPC and microscopic analyses. *Polar Sci.*, **19**, 120–129.

Natsuike, M., Matsuno, K., Hirawake, T., Yamaguchi, A., Nishino, S. and Imai, I. (2017) Possible spreading of toxic Alexandrium tamarense blooms on the Chukchi Sea shelf with the inflow of Pacific summer water due to climatic warming. *Harmful Algae*, **61**, 80–86.

Nelson, R.J., Ashjian, C.J., Bluhm, B.A., Conlan, K.E., Gradinger, R.R., Grebmeier, J.M., Hill, V.J., Hopcroft, R.R., Hunt, B.P.V., Joo, H.M., Kirchman, D.L., Kosobokova, K.N., Lee, S.H., Li, W.K.W., Lovejoy, C., Poulin, M., Sherr, E. and Young, K.V. (2014) Biodiversity and biogeography of the lower trophic taxa of the Pacific Arctic region: sensitivities to climate change, pp.269–336, Grebmeier, J.M. and Maslowski, W. (eds), *The Pacific Arctic region, ecosystem status and trends in a rapidly changing environment*, Springer, Dordrecht.

Nicol, S. (2006) Krill, currents, and sea ice: *Euphausia superba* and its changing environment. *BioScience*, **56**, 111–120.

Nielsen, T.G. and Hansen, B.W. (1995) Plankton community structure and carbon cycling on the western coast of Greenland during and after the sedimentation of a diatom bloom. *Mar. Ecol. Prog. Ser.*, **125**, 239–257.

Nishino, S., Itoh, M., Kawaguchi, Y., Kikuchi, T. and Aoyama, M. (2011) Impact of an unusually large warm-core eddy on distributions of nutrients and phytoplankton in the southwestern Canada Basin late summer/early fall 2010. *Geophys. Res. Lett.*, **38**, L16602.

Nishizawa, B., Kanna, N., Abe, Y., Ohashi, Y., Sakakibara, D., Asaji, I., Shin, S., Yamaguchi, A. and Watanuki, Y. (2020) Contrasting assemblages of seabirds in the subglacial meltwater plume and oceanic water of Bowdoin Fjord, northwestern Greenland. *ICES J. Mar. Sci.*, **77**, 711–720.

PAME's Arctic Shipping Status Report (ASSR). (2020) The increase in Arctic shipping 2013–2019.

Paulsen, M.L., Nielsen, S.E.B., Müller, O., Møller, E.F., Stedmon, C.A., Juul-Pedersen, T., Markager, S., Sejr, M.K., Delgado-Huertas, A., Larsen, A. and Middelboe, M. (2017) Carbon bioavailability in a high Arctic fjord influenced by glacial meltwater, NE Greenland. *Front Mar. Sci.*, **4**, 176.

Rysgaard, S., Nielsen, T.G. and Hansen, B.W. (1999) Seasonal variation in nutrients, pelagic primary production and grazing in a high-Arctic coastal marine ecosystem, Young Sound, Northeast Greenland. *Mar. Ecol. Prog. Ser.*, **179**, 13–25.

Rysgaard, S. and Nielsen, T.G. (2006) Carbon cycling in a high-arctic marine ecosystem—Young Sound, NE Greenland. *Prog. Oceanogr.*, **71**, 426–445.

Saito, H. and Tsuda, A. (2000) Egg production and early development of the subarctic copepods *Neocalanus cristatus*, *N. plumchrus* and *N. flemingeri*. *Deep-Sea Res. I*, **47**, 2141–2158.

Sampei, M., Sasaki, H., Hattori, H., Forest, A. and Fortier, L. (2009) Significant contribution of passively sinking copepods to the downward export flux in Arctic waters. *Limnol. Oceanogr.*, **54**, 1894–1900.

Sepp, M. and Jaagus, J. (2011) Changes in the activity and tracks of Arctic cyclones. *Clim. Change*, **105**, 577–595.

Sergeeva, V.M., Sukhanova, I.N., Flint, M.V., Pautova, L.A., Grebmeier, J.M. and Cooper, L.W. (2010) Phytoplankton community in the western Arctic in July–August 2003. *Oceanology*, **50**, 184–197.

Sherr, E.B., Sherr, B.F. and Fessenden, L. (1997) Heterotrophic protist in the central Arctic Ocean. *Deep-Sea Res. II*, **44**, 1665–1682.

Shimada, K., Carmack, E.C., Hatakeyama, K. and Takizawa, T. (2001) Varieties of shallow temperature maximum waters in the western Canadian Basin of the Arctic. *Geophys. Res. Lett.*, **28**, 3441–3444.

Shimada, K., Kamoshida, T., Itoh, M., Nishino, S., Carmack, E., McLaughlin, F., Zimmermann, S. and Proshutinsky, A. (2006) Pacific Ocean inflow: Influence on catastrophic reduction of sea ice cover in the Arctic Ocean. *Geophys. Res. Lett.*, **33**, L08605.

Smith, W.O.Jr., Ainley, D.G. and Cattaneo-Vietti, R. (2007) Trophic interactions within the Ross Sea continental shelf ecosystem. *Phil. Trans. Royal Soc. London Series B*, **362**, 95–111.

Sokolov, S. and Rintoul, S.R. (2002) Structure of Southern Ocean fronts at 140°E. *J. Mar. Syst.*, **37**, 154–184.

Springer, A.M. and McRoy, C.P. (1993) The paradox of pelagic food webs in the northern Bering Sea-III. Patterns of primary production. *Cont. Shelf Res.*, **13**, 575–599.

Stroeve, J., Holland, M.M., Meier, W., Scambos, T. and Serreze, M. (2007) Arctic sea ice decline: Faster than forecast. *Geophys. Res. Lett.*, **34**, L09501.

Sukhanova, I.N., Flint, M.V., Pautova, L.A., Stockwell, D.A., Grebmeier, J.M. and Sergeeva, V.M. (2009) Phytoplankton of the western Arctic in the spring and summer of 2002: Structure and seasonal changes. *Deep-Sea Res. II*, **56**, 1223–1236.

Tremblay, G., Belzile, C., Gosselin, M., Poulin, M., Roy, S. and Tremblay, J-.É. (2009) Late summer phytoplankton distribution along a 3,500 km transect in Canadian Arctic waters: strong numerical dominance by picoeukaryotes. *Aquat. Microb. Ecol.*, **54**, 55–70.

Tsukazaki, C., Ishii, K. I., Saito, R., Matsuno, K., Yamaguchi, A. and Imai, I. (2013) Distribution of viable diatom resting stage cells in bottom sediments of the eastern Bering Sea shelf. *Deep-Sea Res. II*, **94**, 22–30.

Turner, J.A., Barrand, N.E., Bracegirdle, T.J., Convey, P., Hodgson, D.A., Jarvis, M., Jenkins, A., Marshall, G., Meredith, M.P., Roscoe, H. and Shanklin, J. (2014) Antarctic climate change and the environment: an update. *Polar Rec.*, **50**, 237–259.

Uttal, T., Curry, J.A., McPhee, M.G., Perovich, D.K., Moritz, R.E., Maslanik, J.A., Guest, P.S., Stern, H.L., Moore, J.A., Turenne, R., Heiberg, A., Serreze, M.C., Wylie, D.P., Persson, O.G., Paulson, C.A., Halle, C., Morison, J.M., Wheeler, P.A., Makshtas, A., Welch, H., Shupe, M.D., Intrieri, J.M., Stamnes, K., Lindsey, R.W., Pinkel, R., Pegau, W.S., Stanton, T.P. and Grenfeld, T.C. (2002) Surface heat budget of the Arctic Ocean. *Bull. Am. Meteorol. Soc.*, **83**, 255–276.

Woodgate, R.A., Weingartner, T. and Lindsay, R. (2010) The 2007 Bering Strait oceanic heat flux and anomalous Arctic sea-ice retreat. *Geophys. Res. Lett.*, **37**, L01602.

Yokoi, N., Matsuno, K., Ichinomiya, M., Yamaguchi, A., Nishino, S., Onodera, J., Inoue, J. and Kikuchi, T. (2016) Short-term changes in a microplankton community in the Chukchi Sea during autumn: consequences of a strong wind event. *Biogeosciences*, **13**, 913–923.

■著者

松野 孝平（まつの こうへい）

愛知県額田郡幸田町生まれ。北海道大学大学院水産科学院博士課程修了。水産科学博士。国立極地研究所特任研究員，日本学術振興会海外特別研究員（派遣国オーストラリア）を経て，現在，北海道大学大学院水産科学研究院助教。北海道大学北極域研究センター兼務。専門は海洋生物学，プランクトン学。

著書：『低温環境の科学辞典』（共著，朝倉書店），『海をまるごとサイエンス〜水産科学の世界へようこそ〜』（共著，海文堂出版），『水産科学・海洋環境科学実習』（共著，海文堂出版）。

ISBN978-4-303-80005-5

北水ブックス

プランクトンは海の語り部

2020 年 9 月 10 日　初版発行　　　　　Ⓒ K. MATSUNO 2020

著　者　松野孝平　　　　　　　　　　　　検印省略
発行者　岡田雄希
発行所　海文堂出版株式会社
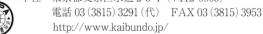
　　　　　本社　東京都文京区水道 2-5-4（〒112-0005）
　　　　　　　　電話 03（3815）3291（代）　FAX 03（3815）3953
　　　　　　　　http://www.kaibundo.jp/
　　　　　支社　神戸市中央区元町通 3-5-10（〒650-0022）
日本書籍出版協会会員・工学書協会会員・自然科学書協会会員

PRINTED IN JAPAN　　　　　　印刷　ディグ／製本　誠製本